中华传统医学养生丛书

豆浆米糊果汁
养生全说

刘莹◎编著

上海科学普及出版社

养生全说系列

在生活中，总会有一些情景让我们感到温暖；总会有一些细节让我们感动；总会有一些情节给我们带来奇妙的情怀。

当你在上学的早上，出门前接过妈妈给你递来的热好的豆浆；当你在周末的清晨，一边读着报纸杂志，一边喝着爱人亲手做的豆浆；当你在忙绿的工作时刻，接过同事替你买的街头豆浆；当你晨练回家的时候，看到一杯特意为你准备的热气腾腾的豆浆摆在桌上……

每当这些时候，你是否会停下来，体味那一刻的心情？是感动，是幸福，是温柔，是照顾，还是发自于内心深处的爱意？一杯豆浆，一份爱，它传递着那些与爱有关、与家人有关、与健康有关、与豆浆有关的情怀……

如今，豆浆既是大家喜爱的一种饮品，也是一种老少皆宜的营养食品，在欧美享有"植物奶"的美誉。目前，每天有成千上万的人将豆浆、糍饭、大饼、油条，当做早餐的"四大金刚"。甚至，有许多奶水不足的母亲也用豆浆代替母乳喂孩子。

豆浆，就是将大豆用水泡后磨碎、过滤、煮沸而成的饮品。它营养非常丰富，且易于消化、吸收。多喝豆浆可预防老年痴呆症，增强抗病能力，防癌抗癌；中老年妇女常饮豆浆，能调节内分泌，改善更年期综合征；青年女性常饮豆浆，能令皮肤白皙润泽、容光焕发。豆浆也是预防高血脂、高血压、动脉硬化、缺铁性贫血、气喘等疾病的理想食品。

目前，许多人并不满足于天天只喝到一种口味的大豆豆浆，为此我们特别编写了《豆浆米糊果汁养生全说》一书。本书全面系统地介绍了豆浆在人们生活中的重要作用，也详细介绍了各种豆浆的制法、营养功效等。

全书从认识豆浆开始，一层一层剥开，逐步介绍了制作豆浆的材料选择，豆浆机的选择与使用，养生豆浆的做法、功效，不同的家庭成员、不同的季节应该如何饮用不同的豆浆，以及如何用豆浆和豆渣为主料做出美食，并对大家在饮用豆浆中存在的一些问题和顾虑进行讲解、释疑，以帮助大家在生活中能够亲手制作一杯健康、时尚的豆浆，能科学合理地饮用，达到养颜、安神、减肥、排毒、保健等功效。

书中讲述的方法简单易学，适合读者朋友自己在家制作；精美的图片、通俗易懂的内容和温馨的提示具有极强的阅读亲和力。读完此书，相信你一定能每天带给家人一杯营养美味的豆浆、一份健康的饮品、一种温馨的生活！

编　者

第一章
健康饮品
—— 揭开豆浆的神秘面纱

目录 CONTENTS

第二章
豆浆的制作
—— 轻松安全健康行

第三章
时尚饮品
——一碗豆浆保健康

第四章
全家豆浆
—— 分清体质喝豆浆

第五章
四季豆浆
—— 喝对豆浆才养生

第六章
美味料理
—— 滋味无穷的豆浆佳肴

健康饮品

——揭开豆浆的神秘面纱

健康饮品

——揭开豆浆的神秘面纱

豆浆的前世今生

豆浆的营养素

豆浆的功效

豆浆的饮用常识

豆浆的饮用禁忌

豆浆的鉴别

豆浆的保存

豆浆的前世今生

孝心创造的奇迹

　　豆浆，是一种乳白色液体，由大豆经过研磨后再与水混合制作而成的饮品。关于豆浆的产生，还有一段佳话。相传，西汉时期的淮南王刘安是一个大孝子，在母亲患病期间，他日日夜夜陪在母亲的身边，并且每天用泡好的黄豆磨成豆浆给母亲喝，很快，刘母的病情就好转了。从此，豆浆慢慢在民间流传开来。

　　目前，我国是世界上喝豆浆人数最多的国家，每天有成千上万的人将豆浆、糙饭、大饼、油条当做早餐的"四大金刚"，甚至有许多奶水不足的母亲也用豆浆代替母乳喂孩子。

备受追捧的健康饮品

　　豆浆既是我国的一种传统饮品，也是人们喜爱的一种食品，迄今为止已有几千年的历史了。

喝豆浆与其说是一种习惯，不如说是一种文化。从早餐铺上1元左右一碗的热豆浆，到豆浆机的流行，再到随身携带的豆浆粉的即冲即饮，饮用方式的改变，体现了人们健康价值观的变化。

据营养学家介绍：现磨豆浆必须煮沸，必须敞开锅盖以使豆浆中的有害物质随即挥发。相比之下，豆浆粉的携带方便、即冲即溶、原汁原味等特点，正逐渐被大家认可。无论是清晨的餐桌上，还是下午的办公室里，或是晚上的加班熬夜的书桌上，豆浆已经从人们习惯性的"早餐饮品"慢慢转变为"健康饮品"。

享有盛誉的"植物奶"

豆浆不仅富含人体必需的植物蛋白质和磷脂，还含有维生素、钙、铁等营养素，可以极好地防治高脂血症、高血压、动脉硬化等疾病。此外，豆浆中还含有丰富的植物雌激素和纤维质，对女性而言，具有促进新陈代谢以及养颜美白的功效。对于因乳糖不耐受而不能喝奶的人或糖尿病患者来说，不含乳糖的鲜豆浆更是理想的选择。现在，豆浆的营养价值越来越被世界各国人民所接受，在美国，豆浆被称为"植物奶"。

豆浆的营养素

豆浆含有丰富的植物蛋白质、磷脂、维生素、烟酸和铁、钙等矿物质，尤其是钙的含量，虽不及豆腐高，但比其他任何乳类都丰富。

豆浆的成分列表 （每100克中的含量）

成 分 名 称	含 量	成 分 名 称	含 量	成 分 名 称	含 量
热量（千卡）	14	水分（克）	96.4	蛋白质（克）	1.8
脂肪（克）	0.7	碳水化合物（克）	1.1	膳食纤维（克）	1.1
胆固醇（毫克）	0	灰分（克）	0.2	维生素A（毫克）	15
胡萝卜素（毫克）	90	硫胺素（微克）	0.02	核黄素（毫克）	0.02
尼克酸（毫克）	0.1	维生素C（毫克）	0	维生素E（T）（毫克）	0.8
α-E	0	（β-γ）-E	0.48	δ-E	0.32
钙（毫克）	10	磷（毫克）	30	钾（毫克）	48
钠（毫克）	3	镁（毫克）	9	铁（毫克）	0.5
锌（毫克）	0.24	硒（微克）	0.14	铜（毫克）	0.07
锰（毫克）	0.09	碘（毫克）	0		
异亮氨酸（毫克）	89	亮氨酸（毫克）	169	赖氨酸（毫克）	139
含硫氨基酸（T）（毫克）	61	蛋氨酸（毫克）	33	胱氨酸（毫克）	28
芳香族氨基酸（T）（毫克）	204	苯丙氨酸（毫克）	111	酪氨酸（毫克）	93
苏氨酸（毫克）	75	色氨酸（毫克）	34	缬氨酸（毫克）	90
精氨酸（毫克）	179	组氨酸（毫克）	55	丙氨酸（毫克）	94
天冬氨酸（毫克）	242	谷氨酸（毫克）	429	甘氨酸（毫克）	87
脯氨酸（毫克）	115	丝氨酸（毫克）	106		

大豆异黄酮——神奇的植物雌激素

大豆异黄酮是由非转基因大豆精制而成的生物活性物质，是一种具有多种重要生理活性的天然营养因子，是纯天然的植物雌激素，容易被人体吸收，能迅速补充人体所需营养。每100克大豆样品中约含异黄酮128毫克。异黄酮是一种弱的植物雌激素，大豆是人类获得异黄酮的唯一有效来源。在雌激素生理活性强的情况下，异黄酮能起到抗雌激素作用，降低受雌激素激活的癌症如乳腺癌的风险，而当妇女绝经时期雌激素水平降低，异黄酮能起到替代作用，避免潮热等停经期症状发生。当人体内雌激素水平偏低时，异黄酮占据雌激素受体，发挥弱雌激素效应，表现出提高雌激素水平的作用；当人体内雌激素水平过高时，异黄酮以"竞争"方式占据受体位置，同时发挥弱雌激素效应。因而，在这种情况下，大豆异黄酮具有调节体内雌激素水平的作用。

优质大豆蛋白质——恰到好处降血脂

大豆蛋白质，即大豆类产品所含的蛋白质，含量约为38%，是谷类食物的4~5倍。大豆蛋白质的氨基酸组成与牛奶蛋白质相近，除蛋氨酸略低外，其余必需氨基酸含量均较丰富，是植物性的完全蛋白质。在营养价值上，可与动物蛋白质等同。大豆中富含蛋白质，其蛋白质含量几乎是肉、蛋、鱼的2倍，而且大豆所含的蛋白质中人体必需氨基酸含量充足、组分齐全，属于优质蛋白质。

大豆蛋白质有明显降低胆固醇的功效。大豆蛋白饮品中的精氨酸含量比牛奶高，其精氨酸与赖氨酸的比例也较合理；其中的脂质、亚油酸极为丰富而不含胆固醇，可防止成年期心血管疾病的发生。大豆蛋白饮品中丰富的卵磷脂，可以清除人体血液中多余的固醇类，有"血管清道夫"的美称。大豆蛋白饮品比牛奶容易消化吸收。牛奶进入胃后易结成大而硬的块状物，豆奶进入胃后则结成小的薄片，而且松软不坚硬，可使其更易消化吸收。

 ## 大豆卵磷脂——天然脑黄金

大豆卵磷脂，是精制大豆油过程中的副产品。纯品的大豆卵磷脂为棕黄色蜡状固体，易吸水变成棕黑色胶状物，在空气中极易氧化，颜色从棕黄色逐渐变成褐色及至棕黑色，且不耐高温，80℃以上便逐步氧化酸败分解。大豆卵磷脂中含有的卵磷脂、脑磷脂、心磷脂、磷脂酸、磷脂酰甘油、缩醛磷脂、溶血磷脂等，具有延缓衰老、预防心脑血管疾病等作用。

 ## 大豆膳食纤维——第七营养素

大豆膳食纤维主要是那些不能为人体消化酶所消化的大分子糖类的总称，主要包括纤维素、果胶质、木聚糖、甘露糖等营养素。膳食纤维尽管不能为人体提供任何营养物质，但对人体具有重要的生理活性功能。

经过微生物降解得到的大豆膳食纤维没有了蛋白质、维生素、脂肪等营养物质，但对人体却具有其他方面的生理活性功能。大豆膳食纤维中许多可溶性膳食纤维——多糖可显著提高机体巨噬细胞率和巨噬细胞吞食指数，并可刺激抗体的产生，从而增强人体免疫功能；膳食纤维还能减少人体内某些激素而具有预防乳腺癌、子宫癌和前列腺癌的作用，并能减缓成人牙齿退化。

大豆皂素——癌症克星

很多人在喝豆浆的过程中都曾体会过豆浆中那种略微的涩味，特别是未煮熟的豆浆，涩味更重，那就是因为豆浆中存在皂素。

皂素，是一种植物性激素，可调节人体性激素水平、提高免疫能力、延缓衰老等。更令人惊奇的是，根据最新的科学研究证实，皂素对多种癌细胞都有抑制作用：皂素能明显抑制癌细胞增殖、直接杀伤癌细胞、降低癌细胞活力及克隆形成能力、干扰肿瘤细胞周期、诱导癌细胞凋亡等。

大豆皂素的抗氧化、抗自由基的功能能防止细胞发生癌变；其具有的亲水亲脂的双亲结构，能以简单扩散或主动运转的方式进入癌细胞内部，抑制其生长。

 ## 大豆低聚糖——"富贵病"人的福音

大豆低聚糖是大豆中所含可溶性碳水化合物的总称，它是α-半乳糖苷类，主要由水苏糖四糖、棉子糖等组成。成熟后的大豆约含有10%低聚糖。

大豆低聚糖主要分布在大豆胚轴中，其主要成分为水苏糖、棉子糖（或称蜜三糖）。水苏糖和棉子糖属于贮藏性糖类，在未成熟豆中几乎没有，随大豆的逐渐成熟其含量递增。但当大豆发芽、发酵，或者大豆贮藏温度低于15℃，相对湿度60%以下，其水苏糖、棉子糖含量也会减少。大豆低聚糖有类似于蔗糖的甜味，其甜度为蔗糖的70%，热值为蔗糖的50%，大豆低聚糖可代替部分蔗糖作为低热量甜味剂。大豆低聚糖的保温性、吸湿性比蔗糖小，但优于果葡糖浆。大豆低聚糖水分活性接近蔗糖，可用于降低水分活性、抑制微生物繁殖，还可保鲜、保湿。大豆低聚糖糖浆外观为无色透明的液糖，黏度比麦芽糖低、异构糖高，在酸性条件下加热处理时，比果糖、低聚糖和蔗糖稳定，一般加热至140℃时才开始热析。

大豆低聚糖的保健功能主要包括通便洁肠、促进肠道内双歧杆菌增殖、降低血清胆固醇和保护肝脏等。健康人每天摄取3克大豆低聚糖，就能促进双歧杆菌生长，产生通便作用。肠道内的双歧杆菌特别容易利用大豆低聚糖，产生乙酸和乳酸及一些抗菌素物质，从而抑制外源性致病菌和肠内腐败细菌的增殖，在肠黏膜表面形成一层具有保护作用的生物膜屏障，从而阻止有害微生物的入侵，保护了肠道健康。

不饱和脂肪酸——人体必需的脂肪酸

不饱和脂肪酸主要存在植物脂肪中，如豆油、花生油、菜子油、芝麻油等。不饱和脂肪酸不仅可以调节人体的各项功能，而且还能帮助人体排出体内多余的"垃圾"。人体如缺乏不饱和脂肪酸，将会影响自身的免疫、心脑血管、生殖、内分泌等系统的生理功能，从而引发高血压、高血脂、血栓病、动脉粥样硬化、风湿病、糖尿病等致命疾病，还会导致各种亚健康问题的发生。

矿物质——不可缺少的营养素

大豆中含有钾、钠、钙、镁、铁、锰、锌、铜、磷、硒等十余种矿物质元素。每100克大豆含钙191毫克、磷465毫克、铁8.3毫克、镁200毫克、钾1503毫克。将大豆制成豆浆，可最大限度地保留这些矿物质元素不被破坏。

豆浆中含有较为丰富的钙，喝不惯牛奶或对牛奶中的乳糖不耐受的人，可以通过喝豆浆来补充钙质。对于临近绝经期的女性来说，雌激素水平的下降和钙的流失是骨质疏松发生的关键原因。豆浆富含钙元素，且其所含的异黄酮具有类似雌激素的作用，能够明显地降低这一时期女性骨质疏松的发生。

豆浆中的磷元素，是构成人体骨骼和牙齿的必要成分，也是使心脏有规律地跳动、维持肾脏正常功能和传达神经刺激的重要物质。常喝豆浆，对神经衰弱及体质虚弱者非常有帮助。

豆浆中的铁元素不仅含量多，而且易被吸收，是人体铁的优质来源。铁是维持生命的主要物质，是制造血红蛋白和肌血球素的主要物质，是促进B族维生素代谢的必要物质。铁和钙是中国人特别是中国女性饮食中最易缺乏的两大营养素。多喝豆浆，可帮助女性朋友预防和治疗因缺铁引起的贫血，使机体恢复良好的血色。

豆浆中的其他矿物质元素也对人体起着重要的作用。如镁元素是维持骨细胞结构和功能所必需的元素，缺镁可导致神经紧张、情绪不稳、肌肉震颤等；体内缺乏锌元素，会导致前列腺肥大、生殖功能减退、动脉硬化和贫血等疾病。

可以说，豆浆中的丰富矿物质是人体不可缺少的营养素。

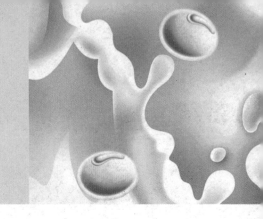

豆浆的功效

 预防动脉硬化

目前，全球第二死亡原因为心血管疾病，第三死亡原因为脑血管障碍，两者都属于动脉硬化性疾病，所以动脉硬化是非常值得重视的问题。

引起动脉硬化的原因有：高胆固醇血症、高血压、糖尿病、抽烟、遗传因素等，其中最主要的原因为高胆固醇血症。

人类从事活动时不能缺少胆固醇，所以胆固醇并非只会危害人类。不过血浆胆固醇过高时，将会引起动脉硬化。豆浆含有大豆异黄酮、大豆膳食纤维、大豆磷脂、大豆低聚糖、大豆皂苷、植物固醇、大豆蛋白活性肽等多种营养保健因子，这些因子有利于人体消化吸收，从而能够使血液中的"LDL"（有害人体的胆固醇）减少，"HDL"（有益人体的胆固醇）增加，所以能够使血液变得洁净，同时使血管变得强健，对预防动脉硬化很有帮助。同时，豆浆还能够降低偏高的血糖值和血压值。

缓和更年期症状

对于女性来说，更年期障碍，诸如晕眩、全身发热、面孔潮红等，无一不让人感到难受。这一时期的女性如果常喝豆浆的话，就可以缓解这些症状。这是由于豆浆中所含的类似卵泡激素的成分能够补充不足的卵泡激

素。卵泡激素的不足是更年期障碍的原因之一，所以常饮用豆浆能够缓解这些症状。

 美化肌肤

每个人都希望能够长久保持年轻，尤其是对女性来说，粗糙、黑斑、暗沉是皮肤最大的敌人，就算是使用化妆品遮盖，如果皮肤不健康的话，仍然很难办到，而豆浆就能够消除这些烦恼。豆浆中含有很多保护皮肤以及美化皮肤的要素，能够促进激素的分泌，从而使血液循环转为良好，防止产生黑斑等皮肤瑕疵；豆浆还具有抗氧化的作用，能够防止皮肤老化；同时豆浆中还含有女性容易缺乏的铁，对女性的美容很有帮助。

促进脑部的活性化

为了预防脑部的老化，必须使负责脑部传达情报的物质充足，而豆浆就可以满足人体的这种需要。豆浆中丰富的营养元素有助于脑部的活性化，防止老年痴呆症的发生。时常喝豆浆，不仅能够身体健康，也能够使脑功能变得活跃，有助于提高记忆力。因此，不仅中老年人应该多喝豆浆，就连时常参加考试的学生也不妨多喝。

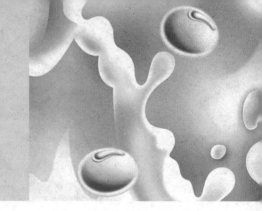

 消除紧张与焦躁

随着生活节奏的加快，越来越多的人感到紧张和焦躁，常常为了一点小事而焦躁、坐立不安的人，就是因为体内缺乏B族维生素。而豆浆中含有很丰富的B族维生素，对于消除焦躁有很好的帮助，同时还能够提高注意力，使人以冷静的态度来处理每一件事情。

预防骨质疏松症

骨质疏松症是一种使骨骼变得中空的疾病，因此最好的对策是充分地摄取钙质。一提起钙质，很多人都认为，钙质一般都存在于牛奶及小鱼干中，跟豆浆一点关系都没有，其实这种想法并不正确。对于女性来说，除了从食物中摄取钙质外，女性的卵泡激素也起着很重要的作用，而豆浆中就含有类似卵泡激素的成分。当女性到了更年期，卵泡激素会减少，很多人便会患上骨质疏松症，所以还要常喝豆浆，以预防骨质疏松症的发生。

防止便秘

豆浆有协助肠内益菌的作用，对于预防、治疗顽固的便秘具有很好的效果。想要消除便秘，首先就是要排出体内的老旧废物，老旧废物一旦被排

出，不但肠胃感到舒服，同时也能够解决恼人的皮肤问题。随着年龄的增长，肠道里的有害菌就会逐渐增加，时常喝豆浆不仅可以避免这一点，而且可以增加肠道内的有益菌，对防止肠道的老化很有帮助。

消除赘毛

喝豆浆不仅能够使皮肤光滑润泽，同时也能够消除身上多余的赘毛。不过，想要利用豆浆消除赘毛，并非是用喝的方式，而是采用涂抹的方式。只要有耐心坚持下去，显眼的赘毛就会日渐减少。

豆浆的饮用常识

豆浆的品质

饮用豆浆要注意豆浆品质的4大关键指数：

NO.1 卫生

（1）操作人员的身体是否健康？

（2）所用豆子、水和器具是否干净？

（3）制浆场所环境卫生如何？有无蚊、蝇、鼠等传染源？

（4）制浆流程能否保障卫生？

NO.2 浓度

（1）好豆浆应有一股浓浓的豆香味，浓度高，略凉时表面有一层油皮，口感更滑。

（2）劣质豆浆稀淡，有的使用添加剂和面粉来增强浓度，营养含量低，均质效果差，口感不好。

NO.3 新鲜

（1）最好是现做现喝，对于新鲜度没有把握的最好不要随便喝。

（2）最好在做出后2小时内喝完，尤其是夏季，否则容易变质。

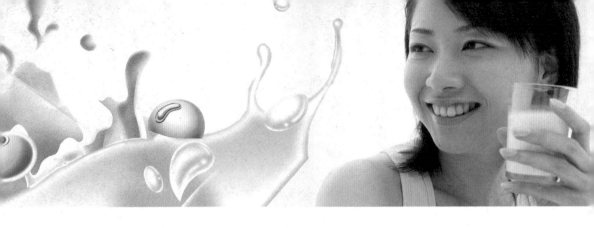

NO.4 煮熟度

（1）生豆浆中含有皂毒素和抗胰蛋白酶等成分，不易被肠胃消化吸收，饮用后易发生恶心、呕吐等中毒症状。但以上物质在豆浆充分煮熟后会被分解。

（2）豆浆用大火煮沸后要改以文火熬煮5分钟左右，以使其彻底煮熟煮透。

🕐 豆浆最佳饮用时间

鲜豆浆四季都可饮用。春秋饮豆浆，滋阴润燥，调和阴阳；夏饮豆浆，消热防暑，生津解渴；冬饮豆浆，祛寒暖胃，滋养进补。其实，除了传统的纯豆浆外，豆浆还有很多花样，红枣、枸杞子、绿豆、百合等都可以成为豆浆的配料。

清晨起床，一天的学习和工作就要开始了，腹中这个时候也是空空的，正好是补充营养的时候，而豆浆就能够满足早餐的营养所需。

早餐喝豆浆，应该与包子、馒头、面包或者油条等含糖类、淀粉多的食物一起吃，这样不但有利于豆浆的吸收，也有利于糖类的吸收。豆浆配合其他食物，能在胃中与胃液发生比较充分的酶解作用，并可使饮食平衡，有利于消化吸收，有助于充分发挥蛋白质的营养效果，使营养素完全被人体吸收，从而有利于人体健康。

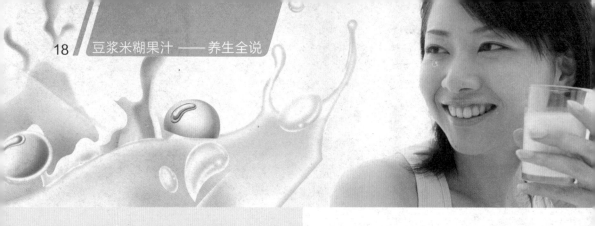

豆浆饮用量

　　任何高营养的食物摄入如果超量，对身体都是有害无益的，豆浆也不例外。如果在家榨豆浆，每人每天的黄豆应该控制在50克以内，榨豆浆时还应多加些水来稀释，以免过于浓稠。如果饮用的豆浆黄豆含量已超过50克，那么其他的豆制品最好不要再吃或少吃。黄豆属于高钙食物，长期且大量饮用高浓度豆浆，不仅会增加肾脏负担，引起高尿酸血症，继之引发表现为血尿、蛋白尿、肾结石等病症的高尿酸血症性肾病，而且还会影响身体其他方面的健康。

温馨提示

　　一般人皆可食用豆浆。女性、老人和儿童尤为适合。成年人每天饮1~2次即可，每次250~350毫升；儿童每天200~230毫升即可。

豆浆的饮用禁忌

✕ 忌喝未煮熟的豆浆

很多人喜欢买生豆浆回家自己加热，加热时看到泡沫上涌就误以为已经煮沸。其实，这是豆浆的有机物质受热膨胀形成气泡造成的上冒现象，并非沸腾，豆浆此时并未煮熟，没有煮熟的豆浆对人体是有害的。黄豆中含有的皂角素，能引起恶心、呕吐、消化不良；还有一些酶和其他物质，如胰蛋白酶抑制物，能降低人体对蛋白质的消化能力；细胞凝集素能引起凝血；脲酶毒苷类物质会妨碍碘的代谢，抑制甲状腺素的合成，引起代偿性甲状腺肿大。

豆浆一经烧熟煮透，上述有害物质就会被破坏，使豆浆对人体没有害处。预防豆浆中毒的方法就是将豆浆在100℃的高温下煮沸，破坏上述有害物质。需要注意的是：在烧煮豆浆的时候，常会出现"假沸"现象，必须用汤匙充分搅拌，直至真正的煮沸。如果饮用豆浆后出现头痛、呼吸受阻等症状，应立即就医，绝不能延误时机，以防危及生命。

✕ 忌在豆浆里打鸡蛋

很多人喜欢在豆浆中打鸡蛋，认为这样更有营养，但这种方法是不科学的，这是因为，鸡蛋中的黏液性蛋白易和豆浆中的胰蛋白酶结合，产生一种不能被人体吸收的物质，大大降低了人体对营养的吸收。

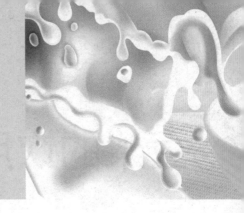

豆浆味甘性平，含植物蛋白质、脂肪、糖类（碳水化合物）、维生素、矿物质等多种营养素，单独饮用有很强的滋补作用。但豆浆中有一种特殊物质叫胰蛋白酶，它与蛋清中的卵松蛋白相结合，会造成营养成分的损失，降低两者的营养价值。

忌冲红糖、蜂蜜

豆浆中加红糖喝起来味道更甜香，但红糖里的有机酸和豆浆中的蛋白质结合后，可产生变性沉淀物，大大破坏了营养成分。许多人喜欢在豆浆中添加蜂蜜，但是蜂蜜与红糖一样含有有机酸，有机酸与蛋白质结合后，产生变性沉淀，不易被人体吸收。

忌装保温瓶

豆浆中有能除掉保温瓶内水垢的物质，在温度适宜的条件下，以豆浆作为养料，瓶内细菌会大量繁殖，经过3~4个小时就能使豆浆酸败变质。

 ## 忌与药物同饮

有些药物会破坏豆浆里的营养成分，如四环素、红霉素等抗生素类药物。

 ## 忌空腹饮豆浆

豆浆里的蛋白质大都会在人体内转化为热量而被消耗掉，不能充分起到补益作用。如果饮豆浆的同时吃些面包、糕点、馒头等淀粉类食品，可使豆浆中的蛋白质等在淀粉的作用下，与胃液较充分地发生酶解，使营养物质被充分吸收。

 ## 不宜喝豆浆的人群

喝着自己用豆浆机搅打的豆浆，既营养丰富又健康卫生，但豆浆并非人人皆宜，喝豆浆也有讲究。

● 急性胃炎和慢性浅表性胃炎患者不宜食用豆制品，以免刺激胃酸分泌过多，加重病情，或者引起胃肠胀气。

● 豆类中含有一定量低聚糖，可以引起打嗝、肠鸣、腹胀等症状，所以有胃溃疡的朋友最好少喝豆浆。胃炎、肾功能衰竭的病人需要低蛋白质饮食，而豆类及其制品富含蛋白质，其代谢产物会增加肾脏负担，宜禁食。豆类中的草酸盐可与肾中的钙结合，易形成结石，会加重肾结石的症状，所以肾结石患者也不宜食用。

● 痛风是由嘌呤代谢障碍导致的疾病。黄豆中富含嘌呤，且嘌呤是亲水物质，因此，黄豆磨成浆后，嘌呤含量比其他豆制品多出几倍。所以有痛风、乏力、体虚、精神疲惫等症状的虚寒体质者都不适宜饮用豆浆。

● 贫血儿童以及正在补铁的人士要少喝豆浆。这是因为黄豆中的蛋白质会阻碍人体对铁元素的吸收。也就是说，如果在吃补铁食物的同时喝了豆浆，铁的吸收率将大大下降，就起不到应有的补血作用了。

豆浆的鉴别

只有饮用优质的豆浆，才能起到滋养身体、促进健康的作用。劣质豆浆不仅起不到保健作用，有时反而有害人体健康。对于优劣豆浆的鉴别，有以下几种方法。

色泽鉴别

进行豆浆色泽的感官鉴别时，可取豆浆样品置于比色管中，在白色背景下借散射光线进行观察。

- 良质豆浆——呈均匀一致的乳白色或淡黄色，有光泽。
- 次质豆浆——呈白色，微有光泽。
- 劣质豆浆——呈灰白色，无光泽。

组织状态鉴别

进行豆浆组织状态的感官鉴别时，取事先搅拌均匀的豆浆样品置于比色管中静待1~2小时后观察。

- 良质豆浆——呈均匀一致的混悬液型浆液，浆体质地细腻，无结块，稍有沉淀。
- 次质豆浆——有多量的沉淀及杂质。

● 劣质豆浆——浆液出现分层现象，结块，有大量的沉淀。

气味鉴别

进行豆浆气味的感官鉴别时，可取豆浆样品置于细颈容器中直接嗅闻，必要时加热后再嗅其气味。

● 良质豆浆——具有豆浆固有的香气，无任何其他异味。

● 次质豆浆——豆浆固有的香气平淡，稍有焦煳味或豆腥味。

● 劣质豆浆——有浓重的焦煳味、酸败味、豆腥味或其他不良气味。

滋味鉴别

进行豆浆滋味的感官鉴别时，可取豆浆样品直接品尝。

● 良质豆浆——具有豆浆固有的滋味，味佳而纯正，无不良滋味，口感滑爽。

● 次质豆浆——豆浆固有的滋味平淡，微有异味。

● 劣质豆浆——有酸味（酸泔水味）、苦涩味及其他不良滋味，因颗粒粗糙在饮用时会带有刺喉感。

豆浆的保存

豆浆中含有丰富的蛋白质、维生素，具有大量的水分，这保证了豆浆的营养丰富、味道可口，但同时也为微生物的滋生繁殖提供了条件，这就决定了豆浆的保存与传统食品的保存方法不一致。那么，在家庭中我们该如何对豆浆进行保存，以维持剩余豆浆在一个星期内的营养和味道呢？

豆浆保存的原理

- 包装杀菌：把容器用沸水烫过，杀掉大部分细菌。
- 内容物杀菌：将豆浆煮沸，而沸腾的时候是没有活细菌的。
- 无菌灌装并密闭：把没有细菌的豆浆倒进杀菌的容器里，然后密闭起来，里面的残存细菌继续被余热杀灭，而密闭之后外面的细菌也进不去。

豆浆保存的步骤

Step 1　准备2个密闭又耐热的瓶子，比如太空瓶，或者特别严实的保温杯。每个瓶子的容量大约与一次喝的豆浆数量相当。把它们彻底洗净、晾干。

Step 2　把泡好的豆子放入豆浆机，同时烧一些沸水。在制作豆浆的程序快要完成时，把准备好的器皿用沸水烫一下，让它里面热起来，起到杀菌作用。

Step 3   在制作豆浆程序完成之时，倒掉器皿中的热水，马上倒入滚烫的豆
浆，但不要倒得太满，留下大约相当于器皿容量1/5的空隙。

Step 4   把盖子松松地盖上，不要拧紧，停留大约十几秒，再把盖子拧到最紧。

Step 5   在室温下待豆浆自然冷却至室温之后，再把它放进冰箱里。这样的豆
浆可以在4℃以下保存一个星期。

Step 6   把保存的豆浆取出来，重新热一下，就可以随时喝了。

采用这样的方式豆浆就可以较长时间地保存，而不至于立即发生腐败。对于储藏时间的长短，则取决于操作的细节是否规范以及容器的密闭程度。但在家里，操作毕竟不够仔细，瓶子密闭程度也远不如罐头那么严，所以不可能像罐头那样常温保存两年。

温馨提示 -

将制作好的豆浆放在冰箱里保存时，最好不要和肉类放在一起，因为放肉类的冰箱里很容易滋生细菌。

第二章

豆浆的制作

—— 轻松安全健康行

豆浆的制作
——轻松安全健康行

制作豆浆的基本原料
豆浆机的使用和选择
豆浆的制作方法
豆浆机百科

制作豆浆的基本原料

豆类有很高的营养价值，是人类三大食用作物之一，在农作物中的地位仅次于谷类。由于生长环境的不同，豆类分为很多品种。

按豆类子粒营养成分含量的不同可分成两大类：第一类为高蛋白质、中淀粉、高脂肪豆类，如大豆、羽扇豆、四棱豆等；第二类为高蛋白质、中淀粉、低脂肪豆类，如蚕豆、豌豆、绿豆、小豆、豇豆、多花菜豆、小扁豆、饭豆、木豆、利马豆、鹰嘴豆等，这一类是我国主要栽培的豆种。按大豆的生长季节可分为春大豆、夏大豆、秋大豆、冬大豆四类。按大豆种子形状可分为圆形、椭圆形、扁椭圆形、长椭圆形等。按照豆类的种皮色泽可分为黄、青、黑、褐、双色五种。下面简要介绍日常生活中常见的一些豆类。

黄大豆，分白黄、淡黄、浓黄、暗黄四种。我国生产的大豆绝大部分为黄色，因此老百姓习惯称大豆为黄豆。黄豆又可分为金元豆、白眉豆和黑脐豆。金元豆皮色微黄，有金黄豆之称，为黄豆中最优良的品种，种粒圆形略小，油分含量高；白眉豆一般比金黄豆大，含油分少，但蛋白质含量高；黑脐豆有大有小，大黑脐豆粒大而圆，种皮厚，含油少。

青大豆，分绿、淡绿、暗绿三种，包括青皮青仁大豆和青皮黄仁大豆。普通青豆种皮为青色，形状大小与普通黄豆相似；大粒青豆种皮和胚均为青色，粒大，含油少。

黑大豆，分黑、乌黑两种。黑豆又分为大黑豆、小黑豆和扁黑豆，包括黑皮青仁大豆，可作为食品原料用；小黑豆也称小乌豆，大黑豆也称大乌豆，可作粮食和饲料用。

褐大豆，分茶色、淡褐色、褐色、深褐色、紫红色五种。如广西、四川的泥豆，湖南的褐泥豆，云南的酱色豆、马科豆等都是褐大豆。

双色豆，分鞍垫、虎斑两类。如吉林鞍垫豆、虎斑状猫眼豆、云南虎斑豆等。

绿豆

营养成分

绿豆，又名青小豆，为豆科植物绿豆的种子，是我国的传统豆类食物。富含磷脂、胡萝卜素、维生素B_1、维生素B_2、烟酸、维生素C、蛋白质、糖类、钙、铁、磷等多种营养成分。其中B族维生素及钾、镁、铁等的含量要远远高于其他豆类。绿豆不但营养丰富，而且有着非常好的药用价值，被人们称为"济世良谷"。

养生功效

绿豆味甘性凉，有清热降暑、止渴利尿的功效。绿豆不仅能补充水分，还能及时补充无机盐，对维持人体水液电解质平衡有着重要意义。

绿豆中的多糖成分能增强人体血清脂蛋白酶的活性，使脂蛋白中三酰甘油水解，从而达到降血脂的疗效，能有效预防冠心病、心绞痛。

绿豆有解毒的功效。如遇有农药中毒、铅中毒、酒精中毒或吃错药等情况，可先灌下一碗绿豆汤进行紧急处理。

绿豆还具有抗过敏、抗病毒的作用，可辅助治疗荨麻疹等变态反应性疾病。

食用禁忌

● 绿豆性凉，脾胃虚寒、肾气不足、腰痛的人不宜多吃。

- 不要用铁锅煮绿豆，因为绿豆中含有元素单宁，在高温条件下遇铁会形成黑色的单宁铁，产生特殊气味，这种物质对人体有害。

- 未煮烂的绿豆腥味浓烈，食后易引起恶心、呕吐。

- 绿豆不要煮得过烂，否则会破坏其所含的有机酸和维生素，降低清热解毒的功效。

- 绿豆不宜与狗肉同食。由于狗肉为"发物"，绿豆和狗肉同食则胀腹并上吐下泻，解救可用甘草50克煎水服。

- 服药特别是服温补药时不要食用绿豆，以免降低药效。

 绿豆的选购

- 颜色：绿豆如果较老的话就会带有一点黄，新鲜绿豆是鲜绿色的。
- 外观：表面应大小匀称，圆润有光泽。注意挑选无霉烂、无虫口、无变质的绿豆。

绿豆的保存

绿豆难以贮藏保管，因为绿豆容易遭受绿豆象的危害。习惯上人们称绿豆象为"豆牛子"，它繁殖迅速，每年可繁殖4~6代。如气候条件适宜，绿豆象可在田间或室内交替繁殖10代以上，危害严重。

贮藏绿豆可参考以下方法：

高温处理

（1）日光暴晒。炎夏烈日，地面温度不低于45℃时，将新鲜绿豆薄薄地摊在水泥地面上暴晒，每30分钟翻动1次，使其受热均匀并持续3小时以上，可杀死绿豆象幼虫。

（2）开水浸烫。把绿豆装入竹篮内，浸在沸腾的开水中，并不停地搅拌，持续1～2分钟，立即提篮置于冷水中冲洗，然后摊开晾干。

（3）开水蒸豆。把绿豆粒均匀摊在蒸笼里，沸水蒸5分钟后取出晾干。由于此法伤害胚芽，故处理后的绿豆不宜用于留种或用来生绿豆芽。

低温处理

利用严冬自然低温冻杀绿豆象幼虫。选择强寒潮过境后的晴冷天气，将绿豆在水泥场上摊成6～7厘米厚的波状薄层，每隔3～4小时翻动1次，夜晚架盖高1.5米的棚布，既能防霜浸露浴，又利于辐射降温，经5昼夜以后，除去冻死虫体及杂质，趁冷入仓，关严门窗，即可达到冻死绿豆象幼虫的目的。

红豆

营养成分

红豆又名赤豆、赤小豆、红赤豆、小豆等，富含淀粉，因此又被人们称为"饭豆"，它具有生津液、利小便、消胀、除肿、止吐的功能，被李时珍称为"心之谷"。红豆是人们生活中不可缺少的高营养、多功能的杂粮，为豆科植物赤小豆或赤豆干燥成熟的种子，秋季果实成熟而未开裂时收获。主产于广东、广西、江西等地。

养生功效

红豆中含有较多的皂角苷，可刺激肠道，因此它有良好的利尿作用，能解酒、解毒，对心脏病和肾病、水肿有益。

红豆中还含有较多的膳食纤维，具有良好的润肠通便、降血压、降血脂、调节血糖、解毒抗癌、预防结石、健美减肥的作用。

同时，红豆中还富含叶酸，产妇、乳母多吃红豆有催乳的功效。

食用禁忌

🔵 红豆以粒紧、色紫、赤者为佳，煮汁食之通利力强，消肿通乳作用甚效。但久食则令人黑瘦结燥。

- 红豆利尿，因此尿频的人宜少食或不食用。

- 胃肠较弱的人不宜多食。

- 被蛇咬伤者2～3个月忌食。

- 忌与羊肝同食，同食易发生食物中毒。

- 忌与猪肉同食，同食易引起腹胀气滞。

- 鲤鱼与红豆均能利水消肿，用于治疗肾炎水肿效果很好。但是正是因为两者同煮利水功能太强，正常人应避免同时食用，尽量隔几小时分别食用。是否可以同食因人的体质不同而异。

- 不可与粳米同食，同食易引发口疮。

⭐ 红豆的选购

- 外观：红豆有没有生虫一眼就可以看出，如果生虫了，其表面会有很多虫屎等小颗粒。

- 颗粒大小：均匀饱满的红豆为上品。

- 色泽：如果是去年或前年等不新鲜的，它的红色不鲜艳，很干涩，似褪过色一样。

✦ 红豆的保存

- 先用开水浸泡，晒干，再用干燥的密封瓶或保鲜袋密封。尽量塞满不留空隙，可以压缩虫子生存所需的氧气，然后放进冰箱或者干燥处。
- 在密封袋里放几粒花椒，有一定防虫效果。

知 识 链 接

"红豆"的文化含义

除了可食用的红豆之外，我国传统文化中还有象征相思的红豆，是含羞草科植物海红豆、孔雀豆的种子，又名相思子。相思红豆是我国独特的文化产品，是中华民族悠久、神秘、古朴的传统文化。它因唐代诗人王维的"红豆生南国，春来发几枝，愿君多采撷，此物最相思。"而享有盛名，成为了相思之情的象征，并延伸成一种文化。时至今天，相思红豆的寓意，不仅包括男女之情，还包括亲情、友情、师生情、患难与共分离后的情、民族国家之情、人类相依相爱之情。此情博大，相思无限……

不同数量的相思子代表不同的意义。

1颗代表"一心一意"；2颗代表"相亲相爱"；3颗代表"我爱你"；4颗代表"山盟海誓"；5颗代表"五福临门"；6颗代表"顺心如意"；7颗代表"我偷偷地爱着你"；8颗代表"深深歉意请你原谅"；9颗代表"永久地拥有"；10颗代表"全心投入地爱你"；11颗代表"我只属于你"；51颗代表"你是我的唯一"；99颗代表"白头到老，长长久久"。

黄豆

 营养成分

黄豆又叫大豆，其营养丰富，素有"豆中之王"之称，被人们称为"植物肉"。黄豆富含蛋白质、脂肪、糖类、叶酸、泛酸、钙、磷、铁、胡萝卜素、硫胺素、核黄素、烟酸、卵磷脂、大豆皂醇、氨基酸等各种营养物质。

养生功效

黄豆中含有极为丰富的蛋白质，每500克大豆的蛋白质含量相当于1 000克瘦肉或1 500克鸡蛋或6 000毫升牛奶，同时还含有多种人体必需的氨基酸，对人体组织细胞起到重要的营养作用，可以提高人体免疫功能。

黄豆不仅含铁量多，而且容易被人体吸收，对缺铁性贫血有一定的疗效；补充铁质可以扩张微血管，软化红细胞，保证耳部的血液供应，可以有效防止听力减退。黄豆中铁和锌的含量较其他食物高很多，对预防老年人耳聋有一定作用。

黄豆中含有一种抑胰酶的物质，对糖尿病有治疗效果。大豆多肽具有抗癌、抗氧化、防治心脑血管病和糖尿病，调节和提高免疫功能等功效，被称为"21世纪的维生素"。

黄豆富含大豆异黄酮，这种植物雌激素不仅能改善皮肤衰老，还能缓解更年期综合征。此外，日本研究人员发现，黄豆中含有的亚油酸可以有效阻止皮肤细胞中黑色素的合成。

食用禁忌

- 黄豆不宜与酸奶同食，因为黄豆所含的化学成分会影响人体对酸奶中钙的消化和吸收。

- 黄豆含有大量的植物雌激素，会影响男性精子的数量和质量，因此男性不宜多吃黄豆及其制品。

- 痛风、尿酸过高的人忌食。

- 胃脘胀痛及腹胀之人忌食。

- 不宜一次吃太多黄豆，以免引起消化不良等问题。

- 黄豆不可与菠菜同食。

- 服用西药四环素时忌食黄豆制成的豆腐。

37

黄豆的选购

- 色泽：具有该品种固有的色泽，如黄豆为黄色，黑豆为黑色等。鲜艳有光泽的是优质大豆，暗淡无光泽为劣质大豆。

- 质地：颗粒饱满且整齐均匀，无破瓣、无缺损、无虫害、无霉变、无挂丝的为优质大豆；颗粒瘦瘪，不完整，大小不一，有破瓣、虫蛀、霉变的为劣质大豆。

- 干湿度：牙咬豆粒，发音清脆成碎粒，说明大豆干燥；若发音不脆，则说明大豆潮湿。

- 香味：优质大豆具有正常的香气和口味，有酸味或霉味者质量较差。

黄豆的保存

干燥除杂

充分干燥是保存大豆的首要措施。长期储藏的大豆，水分要控制在12％以内，如超过13％即有生霉、浸油、赤变的危险。短期储藏的大豆，水分也不应超过13.5％，否则其脂肪酸会迅速增加，豆粒很快变软，即使是在春季，也易引起发热变质。

防潮去湿

黄豆吸湿性强，散湿性也强。在相对湿度高的条件下储藏，极易吸湿转潮；在相对湿度低的条件下储藏，也容易散湿降水。因此，储藏期间应做好防潮去湿。

知识链接

黄豆与"老三篇"

老上海人喜欢吃黄豆，尤其喜欢吃用黄豆做的三道菜：雪菜炒黄豆、酱瓜炒黄豆、萝卜干炒黄豆，并亲切地称这三道菜为"老三篇"。

黑豆

 营养成分

黑豆营养丰富，每100克黑豆含蛋白质36.1克、脂肪15.9克、膳食纤维10.2克、糖类23.3克、钙224毫克、镁243毫克、钾1 377毫克、磷500毫克。此外，黑豆还含有人体必需的维生素B_1、维生素B_2、维生素C、烟酸和微量元素锌、铜、镁、钼、硒、氟等，其中微量元素有延缓人体衰老、降低血液黏稠度的作用。

养生功效

黑豆味甘，性平，有补肾益阴、健脾利湿、除热解毒之功效。

黑豆基本上不含胆固醇，只含植物固醇，而植物固醇不仅不易被人体吸收利用，而且有抑制人体吸收胆固醇、降低胆固醇在血液中含量的作用。因此对糖尿病患者有益。

黑豆中还含有丰富的铬，铬能帮助糖尿病患者提高对胰岛素的敏感性，有助于糖尿病的治疗。

黑豆中粗纤维含量高达4%，常食黑豆，可以为人体提供粗纤维，促进消化，防止便秘。

根据中医理论"黑豆乃肾之谷"，黑色属水，水走肾，所以肾虚的人食用黑豆可以祛风除热、调中下气、解毒利尿。常食用黑豆还可以有效地缓解尿频、腰酸、女性白带异常及下腹部阴冷等症状。

黑豆的皮呈黑色，含有花青素，花青素是很好的抗氧化剂，能清除人体内的自由基。

常食黑豆还能软化血管、滋润皮肤、延缓衰老，对心血管病患者有益。

食用禁忌

- 食用黑豆时不宜去皮。
- 糖尿病患者一次不能吃太多。
- 黑豆忌与蓖麻子、厚朴、西药四环素同食。
- 儿童宜少食。

黑豆的选购

检查黑豆是否染色有一些简单的方法，归纳起来为"三看"：

一看外观，未染色黑豆的中间有"小白点"，经过染色的黑豆中的"小白点"也会被染色。

二看豆仁，未染色的黑豆剥开表皮里面是白色，染色的黑豆豆仁一般也会变色。

三看表皮，未染色的黑豆用力在白纸上擦不会掉色，而染色的黑豆经摩擦会在白纸上留下颜色。

黑豆的保存

用一个瓦罐把晒干的黑豆密封起来即可。没有瓦罐用别的器具也行，只要不是金属的就行。

知识链接

黑豆食疗小方

1. 将100克黑豆，3～5颗枸杞子，5～10颗红枣，适量的料酒、姜汁、食盐放入锅内，然后加入适量的水，用大火煮沸之后改用小火，煮至黑豆烂熟即可。每日早晚饮用，每次2～3杯，可长期饮用。此方适合经常感到眼疲劳的"电脑族"食用。

2. 取50克黑豆、50克大枣、20克龙眼肉，加水适量煮食，连用5～7天，可以起到补心滋阴、健脾补肾的作用。

豆浆机的使用和选择

豆浆机的构造

随着微电脑技术在现代生活中的应用，人们已经不需要像古人那样用石磨来磨制豆浆，一台轻便、智能的豆浆机就能轻松快乐地制作出新鲜美味、卫生健康的豆浆。豆浆机的主要构造有以下几个部分：

杯体

杯体由把手和流口组成，主要用于盛水或豆浆。杯体材质为塑料或不锈钢，均应为符合食品卫生标准的不锈钢或聚碳酸酯材质。购机时以选择不锈钢杯体为宜，主要是便于清洁。杯体上标有"上水位"线和"下水位"线，以此规范对杯体的加水量。杯体口边沿恰好套住机头下盖，对机头起固定和支撑作用。

机头

机头外壳分上盖和下盖。上盖有提手、工作指示灯和电源插座。下盖用于安装各主要部件，在下盖上部（即机头内部）安装有电脑板、变压器和打浆电机。下盖下部有电热器、刀片、网罩、防溢电极、温度传感器以及防干烧电极。

电热器

不锈钢材质，用于加热豆浆。

防溢电极

用于检测豆浆沸腾，防止豆浆溢出。它的外径约5毫米，有效长度15毫米，处在杯体上方。为保证防溢电极能正常工作，必须及时将其清洗干净，同时制作的豆浆不宜太稀，否则，防溢电极将失去防护作用，造成溢杯。

温度传感器

用于检测"预热"时杯体内的水温，当水温达到设定温度（一般要求80℃左右）时，启动电机开始打浆。

刀 片

外形酷似船舶螺旋桨，高硬度，不锈钢材质，用于粉碎豆粒。

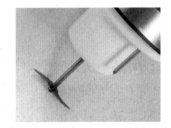

防干烧电极

该电极并非独立部件，而是利用温度传感器的不锈钢外壳带。外壳外径6毫米，有效长度89毫米，长度比防溢电极长很多，插入杯体底部。杯体水位正常时，防干烧电极下端应当被浸泡在水中。当杯体中水位偏低或无水，或机头被提起，并使防干烧电极下端离开水面时，微控制器通过防干烧电极检测到这种状态后，为保安全，将禁止豆浆机工作。

网罩

用于盛豆子，过滤豆浆。实际工作时，网罩通过扣合斜楞与机头下盖扣合在一起。清洗时会发现，因受热后网罩与机头下盖扣合过紧，因此拆卸网罩时应先用凉水将其冷却，以免用力过大而划伤手或弄坏网罩。好的网罩网孔按"人"字形交叉排列，密而均匀。

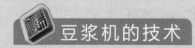

豆浆机的技术

采用具有拉法尔技术和文火熬煮技术的豆浆机，自己动手随意搭配五谷杂粮，就能做出营养均衡全面，高浓醇香，口感滑爽，更利于人体吸收的美味豆浆。

拉法尔技术

拉法尔技术是通过对流体力学中著名的"拉法尔管"原理的大量研究，采用大网孔、无底网的拉法尔网，匹配X型强力旋风刀片。豆浆在经过拉法尔网收缩颈时，流速骤然加快，五谷配料在立体空间高速剪切、碰撞，经过上万次精细研磨，各种植物蛋白质、碳水化合物、膳食纤维、维生素、微量元素等营养精华充分融入豆浆中，使制作出的豆浆营养均衡全面，机器更易清洗。

文火熬煮技术

文火熬煮技术是通过对熬煮过程中豆浆的物理、化学变化的大量实验研究，利用"半波降功率原理"，将中国传统烹饪中的熬煮技艺巧妙地运用于豆浆机的

制浆过程中，研创出了"大火加热，文火熬煮；精准温控，延时熬煮"的技术，从而改变了豆浆机简单加热的传统煮浆方式，减少了泡沫，保持了其中的大豆皂苷等营养成分，使豆浆乳化、均质效果更好，做出的豆浆熬得透、喝着香，营养更易于人体吸收。

豆浆机的使用

Step 1　量取食材

用随机所配的量杯按机型和功热量取食材。

Step 2　杯体内加入食材

将量取好的食材或浸泡好的豆子，清洗干净后，放入杯体内。

Step 3　杯体内加入清水

将水加至上、下水位线之间。

Step 4　安装五谷精磨器

取五谷精磨器按照安装指示箭头方向装好，五谷精磨器口部与下盖配合处应紧密无缝隙。安装完毕后，用手向下拉一下，若五谷精磨器固定不动，说明安装到位。

Step 5　制作豆浆

将机头按正确的位置放入杯体中（即，使杯体上的定位柱对齐机头上的标志后插入机头微动开关孔内，确保打开开关），插上电源线，功能指示灯全亮，按下所需的功能键，对应指示灯亮，启动相应的制浆程序。

Step 6　制浆完成

机器按设定的程序进行多次打浆及充分熬煮后，电热器和电机停止工作，机器发出声光报警，提示豆浆已做好。拔下电源插头，即可准备饮用。

Step 7　过滤豆浆

在制作干豆/湿豆豆浆时，浆、渣一起熬煮，营养释放更充分。根据个人的喜好，采用随机附送的过滤网对豆浆进行过滤，可使豆浆口感更细腻。其主要工作流程是：

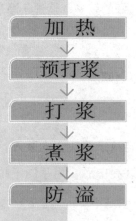

加　热
↓
预打浆
↓
打　浆
↓
煮　浆
↓
防　溢

豆浆机使用注意事项

1 使用时应将豆浆机放于水平平台面上，避免因倾斜使机器振动加大，损坏豆浆机。

2 使用时水量放置以靠近上水位线为佳。若杯体水位过低，电机和加热管都不工作，也极易损坏豆浆机。

3 极少数地区的饮用水会造成豆浆凝结的情况，可以使用凉开水来解决这种现象。

4 使用完毕，必须把插头拔下后才能清洗。外壳表面弄脏时，用软布擦去，以免刮伤豆浆机外表；也可用洗洁精清洗。

5 每次使用后，待桶内温度降低冷却后，顺时针旋松，取下渣浆分离器，倒掉制浆后的豆渣，用清水、毛刷轻轻地冲刷其表面的豆浆纤维物。

6 洗刷时，只能用流水、清洁刷冲刷机头下半部，切勿将机头浸泡入水中或流水冲洗机头上半部分。机头上部和电源插座部分，严禁入水。

7 如桶内电加热器上的结垢情况严重，可用毛刷对其进行刷洗；若无法刷去，可用冷水浸泡一段时间，再行清洗；也可用烧煮开水的方法去除电加热器表面的垢层。

8 将豆浆机置于室内通风干燥处，不要被阳光直接照射，以免塑料件长期暴晒褪色。

9 豆浆机工作时，与插座等应保持一定的距离，使插头处于可触及范围，并远离易燃易爆物品，同时电源插座接地线必须保持接地良好。

10 按键时必须按照使用说明按压功能键，选择相应的工作程序，否则制作的豆浆不能满足要求。

11 豆浆机工作后期或工作完成后，不要拔、插电源线插头并重新按键执行工作程序，否则可能造成豆浆溢出或豆浆机长鸣报警。

12 豆浆机工作时，不要忘记安装拉法尔网，否则机器在打浆过程中会有溢出，以免溅出烫伤。

13 豆子、米类等放入杯体内时，应注意尽量均匀平放在杯体底部。

14 当豆浆机在工作过程中停电时，不要再按下功能键进行工作，否则会造成加热器煳管，打浆时豆浆溅出或机器长鸣报警故障。

15 如果电源线损坏，应到相应公司售后服务部门购买专用电源线进行更换。

16 随机附送的过滤杯是过滤豆浆用的，制作豆浆时一定要将其从杯体内取出。

17 制浆完成后，尤其是全营养豆浆和绿豆豆浆冷却后，不要再次加热、打浆，否则会造成煳管。

知识链接

豆浆机使用安全守则

1 倒浆前，务必拔掉电源线。

2 制浆时，桶体外表面高温，勿触摸，勿让儿童靠近。

3 不要将机头浸入水中或使用水冲洗机头上部，不然会造成漏电或机头内部电脑及电机损坏。

4 机头电源插座及插头严禁触水。

5 防溢电极和电加热管一定要清洗干净，以免机器防溢功能失效，造成满溢跑浆事故。

6 过滤网罩底部和周围的筛孔应趁热及时彻底清洗干净，保证筛孔不致堵塞，以免下次制作豆浆时，出现豆子打不烂、不排浆或豆渣往加料口部涌出等故障。

7 应用冷水制浆，勿用太热的水制浆。

8 不能用豆浆机烧开水，否则会影响豆浆机的使用寿命。

9 不能将豆浆机放入冰箱或冷柜中，急骤冷却会使机头内部产生冷凝，可能引起机头内电脑故障。

豆浆机的选择

现在市场上豆浆机的种类繁多，品牌林立，各有优劣。所以，在选择豆浆机

的时候要掌握一定的方法，建议可从以下几方面进行考量。

研磨粉碎技术

豆浆机的研磨粉碎技术非常重要，好的研磨粉碎技术有利于大豆的营养完全释放。目前市场上主要有三种技术：智能全营养技术、五谷精磨技术、无网技术。

智能全营养技术，指靠"超微精磨技术"来实现研磨粉碎。超微精磨系统由超微精磨器和超微精磨刀组成，实现小空间精细磨浆，仅需打浆6次就可达到细腻效果，营养析出更彻底也更好吸收，这种技术能做出特浓好豆浆。超微精磨技术大大降低了打浆噪声，从以前的最低78分贝左右降低到60～65分贝。这类技术的代表机型是九阳D07、D08、D09等。

五谷精磨技术，是指通过在小空间里精细磨浆，仅需打浆7次就能达到小分子细腻效果，豆料营养充分释放。这种技术做出的香浓好豆浆更易被人体吸收，豆浆的口感也爽滑浓香。这类技术的代表品牌也是九阳，代表机型是九阳五谷温暖系列C81、C82、C12P87等。其中C12P87是透明杯体，可以看到整个豆浆制作的过程。

无网技术，其主要特点是方便、快捷，可以打干豆，也容易清洗，九阳510W、美的DE12G11、苏泊尔DJ16B-11G等都是无网豆浆机的代表机型。

熬煮技术

豆浆机熬煮方式不同，制作出的豆浆的口感和营养等级也就大不相同。不同品牌豆浆机的加热方式也存在较大差异，可以说豆浆机加热方式的变化也代表了豆浆机熬煮技术的不断升级。目前市场上销售的豆浆机主要是采用加热管加热、

底盘加热、立体加热等。

九阳营养王采用全循环加热的方式，智能全营养文火熬煮技术，大火煮沸、小火熬香，使得豆浆能够充分熬煮，豆浆的营养得以充分释放，并且可去除豆腥味，制作出的豆浆口感香浓、细腻均匀，喝起来更加爽口，更易于人体吸收。

美的豆浆机的智能醇化技术，机体底部采用360度立体加热技术和双层杯体的设计，具有防烫、降噪的特点，比较人性化。

苏泊尔豆浆机DJ16B-11G采用环形立体加热，通过温度控制的程序熬煮豆浆，主要目的是为了去除豆腥味。

豆浆机的功能

按照功能划分，豆浆机可以划分为单功能豆浆机和多功能豆浆机：单功能豆浆机仅能制作纯豆浆；多功能豆浆机除能制作纯豆浆外，还能制作其他饮品。多功能豆浆机如美的DE12G11可以做干豆豆浆、湿豆豆浆、八宝粥、米糊、果蔬汁、玉米汁和米香豆浆等；苏泊尔DJ168-11G可以做干豆豆浆、湿豆豆浆、营养米糊、花生奶、红绿豆沙、果蔬汁等；九阳营养王系列豆浆机D08能做上百种料理，既能做五谷豆浆、干豆豆浆、高钙豆浆、果蔬冷饮、蔬菜浓汤，也能做很多种五谷粥，只用一台豆浆机就能做出多种不同的口味。

价格

目前，在豆浆机市场上，一台500元左右的豆浆机，功能上已经比较齐全，技术上也比较先进，对豆浆制作时口感和营养的保留比较充分，是大家普遍能接

受的一个价位。三口或四口之家，或者比较注重健康生活方式的新婚家庭，选择一款500～600元的豆浆机比较适合。

对于单身族，或者生活节奏较快的上班族，选择一款制作快捷方便的无网豆浆机也不错，这种技术的豆浆机价位在300～400元。当然，选择什么价位，还是与大家对豆浆品质的要求有关。

容量

市场上各品牌都按照生活中的需求对豆浆机容量进行了设计，豆浆机产品容量分为800毫升以下、800～1 000毫升、1 000～1 200毫升、1 200～1 400毫升等六类。

在容量选择方面，要按照家庭的需求来挑选，如果是一家四口，则容量在1 000～1 400毫升的豆浆机就可以满足需要。九阳D06的容量是1 000～1 500毫升、D09也是1 000～1 500毫升；还有苏泊尔DJ16B–11G等这些产品都在这个区间之内。如果是三口之家，则900～1 200毫升容量的豆浆机应该是足够的，九阳营养王D08、全钢D08D、D07、A11和透明杯体的C12P87，美的DE12G11以及步步高A505都在这个区间之内。

外观

爱美之心人皆有之，就像选择伴侣一样，虽然要注重心灵美，但外貌气质优雅大方也绝对是优势。产品的外观、造型设计、图案颜色的搭配，自然会为产品加分。

目前，美的豆浆机很多都采用不锈钢的设计，看起来干净利落；采用漆器红彩钢搭配时尚花纹的设计，使其外观看上去更具有中国风。

苏泊尔豆浆机DJ16B-11G外观设计采用淡绿色和蜜色，晶亮的机身设计；半开式的把手，握感较好，抓取很方便。

步步高豆浆机A501外观设计采用水蓝色，是女性比较喜欢的颜色，带有异域风情；内部的双筒设计，防噪声、防烫手还保温，比较人性化。但是其操作界面比较小，容易误碰。

服 务

在选择豆浆机时，品牌价值、售后服务也不容忽略。大型的家电品牌售后服务一般都有保证，如美的、苏泊尔这种销售网络覆盖全国的品牌，在全国各地均建有售后服务站。"九阳阳光服务"开创了小家电行业"上门服务"的先河，在产品三包服务期内九阳更免费提供上门服务，现在，九阳上门服务车已经基本覆盖全国。

豆浆机的选择注意事项

豆浆机的种类很多，从材料上有塑料和不锈钢之分；从加热方式上有加热管加热式和底盘加热式之分等。豆浆机在商店柜台出售时，一般都有样机现场演示。所以，我们在选购时可观察、询问和考虑以下几方面。

◆ 观察

1 看加热管形状：理想的豆浆机加热管下半部是小半圆形，易于洗刷和装卸网罩；有的豆浆机加热管下半部是大半圆形，不易洗刷和装卸网罩。

2 看粉碎效果：豆浆机电机的性能和刀片的设计是否合理决定了豆子粉碎的程度，决定了豆浆出浆率的高低。另外，好的刀片一方面应具有一定的螺旋倾斜角度，这样刀片旋转起来后在一个立体空间碎豆，不仅碎豆彻底，还能产生巨大的离心力甩浆，可将豆子中的营养充分释放出来；另一方面，刀片材料也很重要，欧科系列产品采用锰合金材料，号称"终身不用更换的刀片"；而平面刀片仅在一个平面上旋转碎豆，效果不是很好。

3 看网罩的工艺：豆浆机网罩网孔的设计很关键，好的网罩网孔按人字形交叉排列，密而均匀，孔壁光滑平整，不堵、不挂浆，出浆率高，有的网罩则做不到这一点。选购时可举起网罩从外往里看，若透明度高、网孔排列非常有序则是优质网罩，反之则不是。目前欧科推出不用豆浆网的"聚流技术"做豆浆的方式，更是首选，这样可免去清洗豆浆网这道程序。

◆ 考虑

1 豆浆机容量：可以根据家中人口数量来决定，一般按每个人用0.3～0.4升所需计算豆浆机容量大小。

2 豆浆机的特殊功能：要看豆浆机某些特殊功能是否合理和必要，如有的豆浆机厂家宣称能保温贮存，有的则宣传能在豆浆机中直接泡豆定时制作等。实际上，豆浆保温贮存易变质，只宜冷藏保存；而利用定时功能直接用泡豆的

水做豆浆既不卫生也做不出好口味；用干豆直接做豆浆则影响出浆率和营养成分的释出。

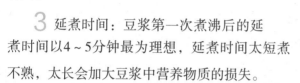

3 延煮时间：豆浆第一次煮沸后的延煮时间以4～5分钟最为理想，延煮时间太短煮不熟，太长会加大豆浆中营养物质的损失。

4 开始磨浆时间：考虑豆浆机是否先将水温加热到标准温度后才开始磨浆，有此功能的豆浆机是用真正的智能不粘易清洗技术，否则做出的豆浆不浓不香，还时常发生糊锅现象。

5 品牌和售后服务：考虑豆浆机是否具有可靠的质量和良好的信誉，是否有良好的售后服务以及设于全国各地的技术服务网点有多少。而且还要看看该豆浆机所获得的权威认证和权威质量保证称号，如中国电工长城认证、欧盟CE认证、国家质量免检证书等。

豆浆机的保养

现磨豆浆机是一种能承受高负荷运转的工业设计，但是再好的机器，也需要正确的使用方法和保养手段，才能获得更长的使用时间。

电机保养

　　豆浆机是通过高速碰撞切割的原理，将豆子打磨成细腻豆浆的。由于电机超高转速的特性，且发热量大，所以不能长时间搅拌，而现磨豆浆打一次约需要1分40秒，时间较长，所以打磨后发热量很大，长时间连续打磨，会引起电机的自动保护功能。其电机的保护功能表现为在搅拌过程中自动停机，其他开关失去功能作用等。需通过机器后面保护开关复位才能再次工作。多次电机保护开关跳开，表示电机负载过大，需要等待电机冷却才能继续使用，否则将对电机造成很大磨损。

刀组、蘑菇头等易损配件的保养

　　现磨豆浆机的电机寿命是相当长的，更容易出现问题的是刀组、蘑菇头两个直接与打磨切割有联系的零件。这两个零件虽然是损耗型配件，不过在使用的过程中若是注意保养，可以使其寿命大大延长。

　　现磨豆浆机长时间打磨发热量将会很大，这不仅对电机有不良影响，对易损配件也同样是相当不利的。刀组内部轴承有两层防水胶，外部有一层防水胶，这些胶圈都是橡胶材料，遇热容易变形膨胀，由于刀组是直接被带动高速转动的部分，又是不锈钢材质，所以发热量非常大，防水胶受热后膨胀，再持续高速旋转就非常易磨损。磨损后则会出现这类机器常遇到的杯底漏水问题，其实就是防水胶磨损老化造成的。如果漏水现象已十分严重，就需要更换刀组了，因为刀组是一体化封装，所以是无法单独更换胶圈的。

豆浆机的保养注意事项

1 在打磨热豆浆或者是热玉米汁的时候，不要加入太烫的水或是原料，过热的原料和水会迅速提高刀组内部温度，加速防水胶圈磨损。

2 打磨完关机时不要立即将杯子从机座拔出，需等待机器停止平稳再取杯，否则蘑菇头很容易被拔松或变形。

3 打磨好的豆浆或玉米汁应立即倒入其他容器，不要留在杯内，长时间浸泡也会使得刀组加速老化。

豆浆机的清洗

57

1 机头：用水轻轻冲去机头下部黏附的豆浆或其他东西。切勿将机头浸入水中，也不要用水清洗机头上部，以防机内进水，发生短路现象。

2 拉法尔网：用清洁刷或清洁海绵块仔细清洗拉法尔网，注意一定要冲洗干净，以免残留豆浆产生异味。

3 电热器：用清洁海绵块清洗电热器，将电热器上黏附的豆浆膜或其他东西清洗干净，以免下次使用产生煳味。

4 杯体：用清洁海绵块清洗杯体内部，并用清水冲洗干净。

豆浆的制作方法

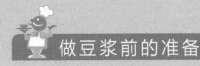
做豆浆前的准备

选豆

要想磨出口味纯正的豆浆，第一步就是选择好的原料。在市场上购买黄豆时，要掌握挑选窍门。优质的大豆呈卵圆形或近于球形，黄豆子粒均匀、饱满、坚硬、极少杂质的为佳；子粒大小不匀、软湿、杂质多的为次品。

泡豆

磨制豆浆之前一定要先泡豆，因为大豆的种皮是一层不易被人体消化吸收的膳食纤维，它可妨碍大豆蛋白质被人体吸收利用。做豆浆前先浸泡大豆，可使其外皮软化，再经粉碎、过滤、充分加热后，可相对提高大豆营养的消化吸收率。再有，干豆子表皮有很多附着物，如果不浸泡，这些脏的物质就不容易被去除，从而影响豆浆的口感，影响人体的健康。

磨豆之前，一般应浸泡6小时以上。根据季节不同，浸泡的时间长短也不一样，夏季6～10小时，春、秋季8～16小时，冬季10～16小时。可以在夜晚睡觉之前将豆子浸泡好，第二天早晨就可以打磨了。

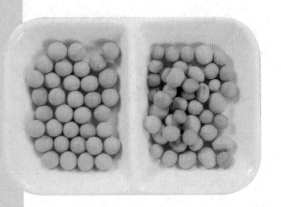

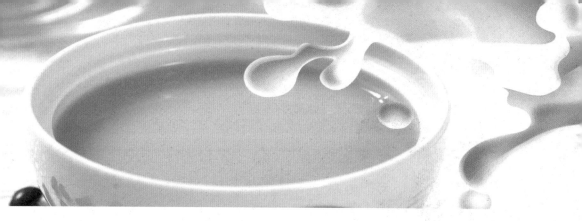

全营养豆浆制作方法

Step 1　浸泡豆子

用随机所配干豆量杯按2/3刻度线盛出干豆，洗净后泡入清水中。

Step 2　杯体加入豆子和米

用干豆量杯按照2/3刻度线量取大米，连同浸泡好的豆子洗干净后直接放入杯体内。

Step 3　杯体内加入清水

将水加至上、下水位线之间。

Step 4　拉法尔网安装

取拉法尔网按安装指示箭头方向装好，拉法尔网口部与机头接合处应紧密无缝隙。安装完毕后，用手向下拉一下，若拉法尔网固定不动，则说明安装到位。

Step 5　制作全营养豆浆

将机头按正确的位置放入杯体中，插上电源线，电源指示灯亮，按下"全营养豆浆"键，相应指示灯亮，启动全营养豆浆程序。

具体制作全营养豆浆工作程序如下：

1　加热：通电后按下"全营养豆浆"键，电热器开始加热，约8分钟后（使用常温水
　　时），水温达到打浆设定的温度。

2　预打浆：当水温达到设定温度时，电机开始工作。进行预打浆1次，然后全功率加
　　热至打浆温度。

3　打浆：当水温达到设定温度时电机开始工作，电机带动刀片打浆2次，然后加热至
　　防溢，再打浆3次。

4　煮浆：打浆结束后，电热器继续加热至豆浆第一次沸腾。

5　防溢延煮：豆浆沸腾后，本机防溢加热功能自动启动，进入延煮过程。电热器间
　　断加热，使豆浆反复煮沸，充分煮熟。

6　断电报警：工作结束后，电热器、电机等部件自动断电，机器发出声光报警，提
　　示豆浆已做好。拔下电源插头后，即可准备饮用豆浆。

　　上述过程均采用微电脑自动控制，用时20分钟左右，用电不超过0.2度，醇
香滑口的全营养豆浆即制作成功。

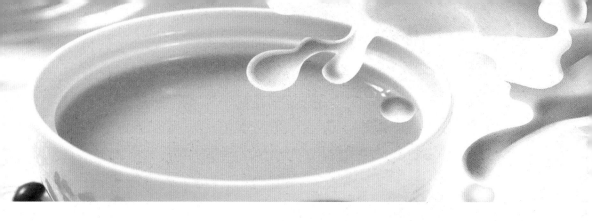

全豆豆浆制作方法

Step 1　浸泡豆子

用随机所配干豆量杯盛出黄豆（或其他豆子），一杯刚好制作一次，豆子洗净后浸泡入清水中。

Step 2　杯体加入豆子

浸泡好的豆子洗干净后直接放入杯体内。

Step 3　杯体内加入清水

将水加至上、下水位线之间。

Step 4　拉法尔网安装

取拉法尔网按安装指示箭头方向装好，拉法尔网口部与机头接合处应紧密无缝隙。安装完毕后，用手向下拉一下，若拉法尔网固定不动，则说明安装到位。

Step 5　制作豆浆

将机头按正确位置放入杯体中，插上电源线，电源指示灯亮，按下"全豆豆浆"键，启动全豆豆浆程序。

具体制作全豆豆浆工作程序如下：

1 加热：程序启动后，电热器开始全功率加热。约8分钟后（使用常温水时），水温达到打浆设定温度。

2 预打浆：当水温达到设定温度时，电机开始工作，进行预打浆1次，然后再全功率加热到设定水温。

3 打浆：当水温再次达到设定温度时电机开始工作，电机带动刀片高速打浆，打浆共3次。

4 煮浆：打浆结束后，电热器继续全功率加热，一直加热至豆浆第一次沸腾。

5 防溢延煮：豆浆第一次沸腾后，本机防溢加热功能自动启动，进入降功率延煮过程。电热器间歇加热，使豆浆反复煮沸，充分煮熟并防止溢出。防溢延煮8分50秒左右工作结束。

6 断电报警：工作结束后，电热器、电机等部件自动断电，机器发出声光报警，提示豆浆已做好。此时拔下电源插头后，即可准备饮用豆浆。

7 过滤豆浆：制作的全豆豆浆时，浆、渣一起熬煮，营养释放更充分。全豆豆浆制作完成后，可根据个人的喜好，采用随机附送的过滤网和过滤杯对豆浆进行过滤，使豆浆口感更细腻（注：本过滤方式仅限于制作全豆豆浆时使用）。

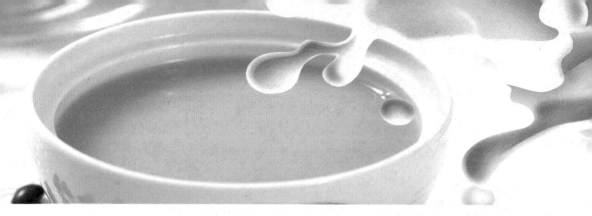

 绿豆豆浆制作方法

Step　1　**浸泡绿豆**

用随机所配干豆量杯按照1/2刻度线盛出绿豆，豆子洗净后浸泡入清水中。

Step　2　**杯体加入绿豆**

将泡好的绿豆冲洗干净后放入杯体内。

Step　3　**杯体加入清水**

将水加至上、下水位线之间。如果想缩短制浆时间，可加入70℃以下的热水制作绿豆豆浆。

Step　4　**拉法尔网安装**

取拉法尔网按安装指示箭头方向装好，拉法尔网口部与机头接合处应紧密无缝隙。安装完毕后，用手向下拉一下，若拉法尔网固定不动，则说明安装到位。

Step　5　**制作绿豆豆浆**

将机头按正确的位置放入杯体中，插上电源线，电源指示灯亮，按下"绿豆豆浆"键，启动绿豆豆浆程序。

具体制作绿豆豆浆工作程序如下：

1　加热：通电后电热器开始加热，约8分钟后（使用常温水时），水温达到打浆设定的温度。

2　打浆：当水温达到设定温度时，电机开始工作。电机带动刀片高速打浆1次；然后加热至浆沫碰防溢电极，再打浆2次。

3　煮浆：打浆结束后，电热器继续加热，一直加热至豆浆第一次沸腾。

4　防溢延煮：豆浆第一次沸腾后，本机防溢加热功能自动启动，进入延煮过程。电热器间歇加热，使豆浆反复煮沸，充分煮熟并防止溢出。

5　搅浆：在本机工作期间，电机再工作一次进行搅浆，使绿豆豆浆熬煮更充分，然后继续熬煮至工作结束。

6　断电报警：工作结束后，电热器、电机等部件自动断电，机器发出声光报警，提示豆浆已做好。此时拔下电源插头后，即可准备饮用豆浆。

　　上述过程与全营养豆浆的制作一样均采用微电脑自动控制技术，用时十几分钟，用电量不超过0.2度，醇香可口的绿豆豆浆即制作成功。

豆浆机百科

🔊 豆浆机能做果汁吗?

可以选用带有果蔬功能的九阳豆浆机,推荐机型:DJ13B-D08EC、DJ14B-D06D营养王系列。

🔊 九阳豆浆机应放多少黄豆?

九阳豆浆机随机带有一个小的塑料盒(小杯子),一盒(杯)的黄豆量正好,在50克左右。

🔊 豆浆机指示灯不亮的原因?

豆浆机指示灯不亮的原因可能有以下几种:

(1)机头没放正(微动开关未打开)——重新放正机头。

(2)豆子或其他物料放太多(机头顶起,微动开关未到位)——按规定放物料并平放在杯底。

(3)电源插座接触不良——保持接触良好。

🔊 豆浆机的刀片能用多长时间?

豆浆机的刀片一般是不锈钢材质,经过离子渗氮技术加强刀片的硬度,并采用钝化处理,所以刀片是很结实耐用的。另外,豆浆机的打豆子并不是靠刀片的锋利,而是靠其电机的高速旋转结合刀片的角度撞击豆子出浆的,所以一般不需要更换刀片。

为什么豆浆机加热管会变色？

因为豆浆机加热管上有水，所以总给人以一种错觉，好像洗不干净，实际上这是一些细小的豆浆渣残留在上面，时间一长就把加热管给糊住了。另外，如果大米放入过多或者豆浆机工作过程中出现瞬间断电，然后重新进入工作程序，这时也会出现糊管现象，只要清洗干净即可。

豆浆未煮熟为何提前报警？

豆浆未煮熟而提前报警可能是由于以下几种原因：

（1）加水或其他原料过多——加水至上、下水位线之间，按标准加料。

（2）是否是高原地区。

（3）机器故障。

豆浆机有几种杯体？

目前市场上的豆浆机主要有PC、不锈钢、双层杯体3种。它们的特点各有不同，具体如下：

（1）PC杯体：可观察打浆过程，增加料理的乐趣。

（2）不锈钢杯体：安全耐用，清洗更彻底。

（3）双层杯体：内层不锈钢，健康耐用；外层PC，美观防烫。

第三章

时尚饮品

—— 一碗豆浆保健康

时尚饮品
—— 一碗豆浆保健康

经典原味豆浆
滋补营养豆浆
健康蔬味豆浆
芳香花草豆浆
营养果味豆浆

经典原味豆浆

原汁黄豆豆浆

原 料

黄豆70克，水1200毫升。

制 作

1 将黄豆浸泡6～16小时，备用。

2 将泡好的黄豆装入豆浆机网罩中，往杯体内加入清水，启动豆浆机，十几分钟后即可做出熟豆浆。

❧ 养生功效

滋阴润燥，宽中和脾，利水下气。

温馨提示

黄豆性偏寒，胃寒者和易腹泻、腹胀、脾虚者，以及常出现遗精的肾亏者不宜多食。黄豆也不可生吃，生黄豆有毒，食用了未完全煮熟的黄豆豆浆可能出现包括胀肚、拉肚子、呕吐、发热等不同程度的食物中毒症状。

营养黑豆豆浆

原 料

黑豆200克，清水800毫升，糖少许。

制 作

1 将黑豆洗净，用50℃的温水浸泡一夜后，将黑豆和浸泡黑豆的水一起倒入搅拌机，搅打约2分钟，充分将黑豆打碎。

2 用漏网将豆浆过滤到碗中，保留豆渣备用，再将豆浆用漏网过滤到锅中。

3 大火加热豆浆至沸腾后关火，调入糖搅拌融化即可。

养生功效

此豆浆有助于男士解暑降温、治肾虚、治脱发，适于体质虚寒或经期中贫血的女性饮用。

温馨提示

黑豆一般经过煮熟或者配药煮熟之后吃能治病，但不易消化，因此中满者或消化不良者应慎食。黑豆豆芽及皮、叶、花均可入药，黑豆叶捣烂外敷可治蛇咬伤，黑豆花能治目翳。

祛火绿豆豆浆

原 料

绿豆100克，冰糖适量，热水或冷水约300毫升。

制 作

1 绿豆加水泡至发软，捞出洗净。

2 将绿豆放入全自动豆浆机中，添水打成豆浆。

3 将豆浆过滤，煮熟后加入适量冰糖调匀即可。

养生功效

绿豆豆浆能清热解暑、利水消肿、润喉止咳、明目降压。

温馨提示

喝了酒感觉不舒服，可以喝绿豆豆浆。但要注意的是，进行温补期间或者服药期间最好不要饮用绿豆豆浆，这样会降低药效。脾胃虚寒者饮用绿豆豆浆也要适量，以免引起腹泻。

养颜红豆豆浆

原 料

红豆100克，白糖、水各适量。

制 作

1 红豆加水泡至发软，捞出洗净。

2 将红豆放入全自动豆浆机中，添水打成豆浆。

3 将豆浆过滤，煮熟后加入适量白糖调匀即可。

🌿 养生功效

红豆豆浆有清热解毒、健脾益胃、利尿消肿、通气除烦等功效，可治疗小便不利、脾虚水肿、脚气等症。红豆的营养成分与绿豆相近，在某些成分上甚至超过了绿豆。

温馨提示 --------------------

饮用红豆豆浆时不宜同时吃咸味较重的食物，否则会削减其利尿的功效。

滋补营养豆浆

红枣绿豆豆浆

原料

红枣、绿豆、黄豆各50克，白糖、水各适量。

制作

1. 将绿豆、黄豆加水泡至发软，捞出洗净；红枣洗净去核，加温开水泡开。
2. 将红枣、绿豆、黄豆放入全自动豆浆机中，添水搅打成豆浆。
3. 将豆浆过滤，煮熟后加入适量白糖溶化调匀即成。

养生功效

红枣绿豆豆浆可以提气补神、消暑凉血。

黄豆枸杞子豆浆

原料

黄豆100克，枸杞子50克，白糖、水各适量。

制作

1. 黄豆加水泡至发软，捞出洗净；枸杞子择洗干净，加水泡开。
2. 将黄豆、枸杞子放入豆浆机中，加水搅打成豆浆。
3. 将豆浆过滤，煮熟后加入适量白糖溶化调匀即成。

养生功效

黄豆枸杞子豆浆不仅能滋补肝肾、益精明目，还可增强人体免疫功能。

栗子燕麦豆浆

原料

黄豆100克，栗子、燕麦、白糖、水各适量。

制作

1 黄豆加水泡至发软，捞出洗净；栗子去皮切成小块。

2 将黄豆、栗子、燕麦放入豆浆机中，添水搅打成豆浆。

3 将豆浆过滤，煮熟后加入适量白糖调匀即成。

🌿 养生功效

栗子又名板栗，有"干果之王"的美称，其味甘性温，入脾、胃、肾经。栗子燕麦豆浆有养胃健脾、补肾强筋、祛寒健体的功效。

黑豆花生豆浆

原料

黑豆100克，花生米30粒，大米30克，枸杞子15克，冰糖少许。

制作

1 黑豆加水泡至发软，捞出洗净；花生米去皮；大米和枸杞子淘洗干净。

2 将黑豆、花生米、大米、枸杞子放入豆浆机中，加入适量水，盖上盖子。

3 按下"干豆豆浆"键，20多分钟即熟，加入适量冰糖溶化调匀即成。

🌿 养生功效

花生含有丰富的蛋白质、氨基酸、卵磷脂以及多种矿物质、维生素等，能增强记忆力、抗衰老，还能延缓脑功能衰退，具有润肺、和胃、润燥滑肠等作用。黑豆不仅是一种有效的补肾品，而且具有补血安神、明目健脾、解毒等作用。所以黑豆花生豆浆具有健脾补肾功效。

温馨提示

黑豆花生豆浆中花生米不能放得太多，花生米太多豆浆的味就重了，味道也就腻了。而且跌打损伤者不宜饮此豆浆，因花生中有一种凝血因子，可使血瘀不散，加重瘀肿。

莲子花生豆浆

原 料

黄豆100克，莲子50克，花生米25克，冰糖、水各适量。

制 作

1 黄豆、莲子、花生米加水泡至发软，捞出洗净；莲子去心；冰糖捣碎。

2 将莲子、黄豆、花生米放入豆浆机中，添水搅打成莲子花生豆浆。

3 将豆浆过滤，煮熟后加入适量碎冰糖溶化调匀即成。

🌰 养生功效

莲子，具有补脾止泻、养心安神、益肾固精的功效。莲子花生豆浆能滋补益生、止血补虚、增强记忆力、抗衰老。

米香豆浆

原 料

大米50克，黄豆25克，水、白糖各适量。

制 作

1 黄豆加水泡至发软，捞出洗净；大米洗净。

2 将大米、黄豆放入全自动豆浆机中，添水搅打成豆浆。

3 将豆浆过滤，煮熟后加入适量白糖溶化调匀即可。

🌰 养生功效

大米性平味甘，具有补中养胃、通四脉的功效。米香豆浆具有补脾益气、养阴和胃、润燥清肺的功效。

红豆胡萝卜豆浆

原料

红豆50克，小米、胡萝卜、冰糖各适量。

制作

1 红豆泡至发软，捞出洗净；小米淘净。胡萝卜洗净切小丁；冰糖捣成碎末；

2 将小米、红豆、胡萝卜丁加入豆浆机中，添水搅打成豆浆。

3 将豆浆过滤，煮熟后加入适量碎冰糖溶化调匀即可。

❀ 养生功效

小米又名粟米，含优良蛋白质。红豆小米豆浆能益气补血、滋补容颜、补充人体所需维生素。

松花黑米豆浆

原料

黄豆30克，松花蛋1个，黑米15克，小米15克，盐、味精各适量。

制作

1 黄豆加水泡至发软，捞出洗净；黑米、小米淘洗干净；松花蛋去皮切丁。

2 将黄豆、黑米、小米、松花蛋丁放入豆浆机中，添水搅打成豆浆。

3 将豆浆过滤，煮熟后撒入盐、味精调味即可。

❀ 养生功效

松花蛋的营养成分与鸡蛋相近，由于腌制过程经过了强碱处理，使其所含蛋白质及脂质分解，变得较容易被人体消化吸收，胆固醇也变得较少；黄豆中的大豆低聚糖及黑米中丰富的膳食纤维，也具有降低胆固醇的功效。此豆浆风味独特，适合高血脂、高胆固醇的人群食用。

五谷豆浆

原料

黄豆、大米、小米、小麦仁、玉米楂各20克，白糖适量。

🍃 **养生功效**

五谷豆浆中含有丰富的蛋白质、氨基酸、微量元素和膳食纤维，营养均衡全面，更利于人体吸收，可降脂、健脾养胃、养心安神、预防糖尿病等，有很好的食疗补益作用。

制法

1　黄豆泡软洗净。

2　将大米、小米、小麦仁、玉米楂洗净，和泡好洗净的黄豆混合放入豆浆机杯体中，加水至上、下水位线之间，搅打成豆浆。

3　将豆浆过滤，煮熟后加入适量白糖溶化调匀即可。

咖啡豆浆

原料

白豆浆400毫升，奶粉18克，咖啡末12克，白砂糖12克，热开水少量。

制法

1 分别将奶粉与咖啡用热水充分溶解为奶粉液与咖啡液待用。

2 将白豆浆下锅中煮开，兑入咖啡液与奶粉液搅匀，加入白糖煮15分钟。特别要注意的是，煮制时要不断搅拌。

养生功效

豆浆中含有大豆皂苷、异黄酮、大豆低聚糖等具有显著保健功能的因子，常饮豆浆可维持人体正常的营养平衡，全面调节人体的内分泌系统，降低血压、血脂，减轻心血管负担，增加心脏活力，优化血液循环。咖啡性温，味甘、苦，主要成分是咖啡因和可可碱，含有蛋白质、脂肪、粗纤维、蔗糖以及多种维生素和矿物质，有提神醒脑、利尿强心、促进消化的功效。

温馨提示

运动前30分钟或运动后都可饮用咖啡豆浆。想令身体保持苗条，可用无糖或低糖豆浆取代牛奶和咖啡一起饮用。

清甜玉米豆浆

原料

黄豆60克，甜玉米粒40克，枸杞子10克，冰糖适量。

制法

1 将黄豆置于温水中充分浸泡，枸杞子、甜玉米粒洗净备用。

2 将泡好洗净的黄豆、枸杞子、甜玉米粒混合后装入豆浆机内，加水至上、下水位线间，搅打成豆浆。

3 待豆浆制好后，煮熟后加入适量冰糖。

养生功效

玉米中的维生素含量非常高，为稻米、小麦的5~10倍。玉米中除了含有碳水化合物、蛋白质、脂肪、胡萝卜素外，还含有核黄素等营养物质，对预防心脏病、癌症等疾病有很好的作用。多喝玉米豆浆能抑制抗癌药物对人体的副作用，刺激大脑细胞，增强人的脑力和记忆力。

补虚饴糖豆浆

原料

饴糖10克，豆浆500毫升。

制法

1 生豆浆装入锅中煮开后加入饴糖。

2 用文火熬10分钟，不断搅拌，让饴糖溶化即可，最好空腹服用。

🌿 **养生功效**

　　豆浆有润肺止咳、消火化痰的作用，与饴糖合用，适合痰火喘咳、发热口干、痰黄稠难咳出者，也适合胃部隐痛、手足不温、怕冷的儿童。

健康蔬味豆浆

绿豆苦瓜豆浆

用料

绿豆、苦瓜各50克，冰糖10克。

制法

1. 绿豆淘洗干净，用清水浸泡4~6小时后洗净；苦瓜洗净，去蒂，除籽，切小丁。

2. 将绿豆和苦瓜丁倒入豆浆机杯体中，加水至上、下水位线间，接通电源，煮至豆浆机提示豆浆做好。

3. 将豆浆放入过滤网中过滤，再加入冰糖搅拌至化开即可。

🌿 养生功效

　　绿豆有清热祛湿的功效，能缓解湿疹的发热、疹红水多等症状；苦瓜中含有奎宁，能清热解毒、祛湿止痒，有助于预防和治疗湿疹。因此绿豆苦瓜豆浆能清热祛湿止痒，有助于缓解湿疹症状并防治湿疹。

温馨提示

　　绿豆苦瓜豆浆性较寒凉，脾胃虚寒者及慢性胃肠炎患者应尽量少饮或不饮。

白萝卜冬瓜豆浆

原料

黄豆40克，白萝卜、冬瓜各30克，冰糖10克。

制法

1. 将黄豆置于温水中浸泡6~8小时，泡至发软；白萝卜择洗干净，切成丁；冬瓜除籽，洗净，切小块。

2. 将白萝卜丁、冬瓜块与泡好的黄豆一起放入豆浆机杯体中，加水至上、下水位线间，接通电源，煮至豆浆机提示豆浆做好。

3. 将豆浆放入过滤网中过滤，再加入冰糖搅拌至化开即可。

🌿 养生功效

　　带皮冬瓜清热利湿，配合能健脾的白萝卜，有利于湿气运化，加快湿疹康复。

温馨提示

　　如果不喜欢白萝卜的辛辣味，可以先将白萝卜加盐腌渍10分钟左右再用。

芦笋山药豆浆

原料

芦笋5根，山药（白色）100克，黄豆适量或者鲜豆浆250毫升。

制法

1 将芦笋洗干净，切成小段，以沸水汆烫1分钟后捞起。

2 将山药去皮，切块。

3 将黄豆提前放入温水中浸泡6～8小时，泡软。

4 将切好的芦笋段、山药块及黄豆放入豆浆机杯体中，启动豆浆机。十几分钟后，芦笋山药豆浆就做成了。

养生功效

山药主治心腹虚胀、脾胃虚弱、手足厥逆、不思饮食、湿热虚泄等；山药根茎可入药，能滋养强壮、治脾胃亏虚等。芦笋除了可增食欲、助消化、补充维生素和矿物质外，还可治疗心血管、水肿、膀胱方面的疾病。芦笋山药豆浆还具有养胎安胎的作用。

生菜豆浆

原料

黄豆60克，生菜叶15克，沙拉酱16克。

制法

1 将黄豆预先浸泡好，洗净备用。

2 将生菜叶洗净切成细条，与黄豆一起加入豆浆机杯体中，再加入沙拉酱，加水至中水位线。

3 接通电源，选择"果蔬豆浆"键，待熟豆浆制成即可。

养生功效

生菜豆浆清肝养胃，富含蔬菜纤维，利于减肥。

西芹豆浆

原 料

西芹20克，黄豆70克。

制 法

1 将黄豆预先浸泡好并洗净；西芹洗净。

2 将西芹切成小丁，与泡好的黄豆混合放入豆浆机杯体中，加水至上、下水位线之间。

3 接通电源，选择"果蔬豆浆"键，待豆浆制成，可直接饮用无须过滤。

❧ 养生功效

西芹含有多种维生素，其中维生素P可降低毛细血管的通透性，增加血管弹性，具有降血压、清血管、防止动脉硬化和毛细管破裂之功能。西芹豆浆可以清热除烦、利水消肿，长期饮用有利于降血压、缓解高脂血症状。

黄瓜豆浆

原 料

黄瓜100克，黄豆80克，清水1000毫升，白糖适量。

制 法

1 将黄豆泡软、洗净；黄瓜清洗干净再切成丁。

2 将泡软的黄豆和黄瓜丁放进豆浆机里，注入1000毫升的清水。

3 待熟豆浆制成后，把豆浆倒在豆浆机附带的量杯里。

4 用豆浆机附带的网筛过滤豆渣，根据需要加入糖搅拌即可。

❧ 养生功效

黄瓜豆浆具有美容瘦身的作用。

温馨提示

黄瓜是一味可以美容的瓜菜，被称为"厨房里的美容剂"，经常食用或敷在皮肤上可有效抗皮肤老化，减少皱纹的产生，并可防止唇炎、口角炎。黄瓜还是很好的减肥食品。希望减肥的人要多吃黄瓜，但一定要吃新鲜的黄瓜而不要吃腌黄瓜，因为腌黄瓜含盐反而会引起发胖。黄瓜有降血糖的作用，对糖尿病患者来说，其是最好的亦蔬亦果的食物。

黑豆胡萝卜豆浆

原 料

黑豆60克，胡萝卜1根。

制 法

1 将黑豆用水洗净，浸泡6～16小时。

2 将胡萝卜刨皮，洗净，切小丁。

3 将胡萝卜丁和泡好的黑豆洗净，混合放入豆浆机杯体中，加水至上、下水位线间，接通电源，十几分钟后即可做好黑豆胡萝卜豆浆。

❧ 养生功效

　　胡萝卜中的胡萝卜素转变成维生素A，有助于增强机体的免疫功能，在预防上皮细胞癌变的过程中具有重要作用。黑豆胡萝卜豆浆具有补肝、补脑、补血、明目、养胃、美白、抗疲劳等功效。

温馨提示 ----------------------

　　早餐喝一杯黑豆胡萝卜豆浆再加上两片面包，就可以满足上午半天的营养需求。

南瓜豆浆

原 料

豆浆250毫升，南瓜200克。

制 法

1 南瓜去皮切成薄片，放入蒸锅中蒸10分钟。

2 将豆浆倒入小锅中煮，再倒入蒸好的南瓜片。

3 一边煮一边搅拌，将南瓜片捣烂与豆浆融合，一直煮至黏稠即可。

❧ 养生功效

　　南瓜豆浆含有丰富的维生素E和B族维生素，营养丰富，具有美白、减肥、解燥的功效。

温馨提示 ----------------------

　　如果嫌麻烦，也可直接将生南瓜片放入豆浆中煮熟后捣烂，但南瓜片要切薄一些。南瓜本身已有甜味，所以不需再加糖。但所备豆浆如果是生的，注意要彻底煮熟后才可食用。

芳香花草豆浆

百合莲耳豆浆

原料

百合干10克，莲子肉10克，银耳10克，绿豆45克，冰糖适量。

制法

1 将百合干和莲子肉用温水浸泡至发软。

2 将银耳用水发开，洗净撕成小朵。

3 将绿豆充分浸泡然后清洗干净，与百合干、莲子肉、银耳一起放入豆浆机内，注入适量清水。

4 启动机器，十几分钟后百合莲耳豆浆就做好了。可根据个人喜好趁热往杯体内调入冰糖搅匀即成。

🌿 养生功效

莲子富含蛋白质、脂肪、淀粉、碳水化合物等，是抗衰延年的滋补佳品，其与百合一起做出的美味豆浆，可补中安神、润肠燥、滋阴益气、补脾胃、清热解毒。

温馨提示 - - - - - - - - - - - - - - - - -

百合莲耳豆浆适宜带渣饮用，这样能使人体更全面地吸收绿豆和莲子中的营养。

玫瑰花豆浆

原料

黄豆150克，黑豆50克，花生米50克，干玫瑰花6朵，白糖适量。

制法

1 先把黄豆、黑豆、花生米浸泡6~8小时后洗净；干玫瑰花洗净备用。

2 将上述材料放入豆浆机中，加适量水打成豆浆，倒入锅中，加白糖煮熟后饮用。

❦ 养生功效

黄豆益气养血，健脾宽中，健身宁心，润肠消燥；黑豆有活血、利水、祛风、清热解毒、滋养健血、补虚乌发的功能；花生含有丰富的维生素C、维生素E、维生素K，能增强记忆、抗老化、延缓脑功能能衰退、滋润皮肤，对老年人来说，可以降低胆固醇、防治动脉硬化、高血压和冠心病；玫瑰花含丰富的维生素A、维生素C、B族维生素、维生素E、维生素K以及单宁酸，能改善内分泌失调、消除疲劳、促进血液循环、养颜美容、调经、利尿、缓和肠胃神经等。这四种材料混合制成的豆浆，能各自发挥其功效。

茉莉绿茶豆浆

原料

黄豆70克，茉莉花10克，绿茶10克。

制法

1 将黄豆洗净，置于温水中浸泡6~8小时。

2 将茉莉花、绿茶和泡好的黄豆洗净，混合放入全自动豆浆机杯体中，加水至上、下水位线间，接通电源，待茉莉绿茶豆浆煮熟后即可。

❦ 养生功效

茉莉能理气、舒肝解郁；绿茶味苦性寒，含鞣质、叶绿素等，能清热解毒、抗菌消炎。茉莉绿茶豆浆具有安定情绪、清热解暑功效，还能滋润肌肤、养颜美容。

菊花枸杞子豆浆

原料

干菊花5朵，黄豆80克，枸杞子10粒，水适量。

🌿 养生功效

    枸杞子具有安肾、益精明目、增强人体免疫力的作用，有助于预防高血压、高血脂、脑血栓、动脉硬化等多种疾病。菊花疏风散热，与枸杞子结合，营养互补而味道鲜美。

制法

1　将黄豆在温水中泡软后洗净。

2　将干菊花、枸杞子冲洗干净，枸杞子用温水泡软。

3　将黄豆、枸杞子与干菊花及适量水混合放入全自动豆浆机杯体中，接通电源，待菊花枸杞子豆煮熟后即可。

桂花甜豆浆

原料

干桂花5克，黄豆50克，水适量。

制法

1. 将黄豆在温水中泡好后洗净，再放入豆浆机料斗中，加水适量，加热十几分钟并煮开。

2. 将刚制好的原磨豆浆按照2升豆浆：2克桂花的比例冲泡干桂花，并过滤。

🌿 养生功效

桂花终年常绿，花期正值仲秋，有"独占三秋压群芳"的美誉。其花能散寒破结、化痰止咳，可用于治疗牙痛、咳喘痰多、经闭腹痛。其果能暖胃、平肝、散寒，可用于虚寒胃痛。桂花根可以祛风湿、散寒，可用于风湿筋骨疼痛、腰痛、肾虚牙痛。此豆浆能化痰生津、祛除口中异味，对食欲不振、痰饮咳喘、肠风血痢、经闭腹痛等症状有一定保健功效。

清凉薄荷豆浆

原料

黄豆40克，绿豆30克，干菊花、薄荷叶各10克，冰糖20克。

制法

1. 将黄豆、绿豆洗干净，分别泡软；薄荷叶洗净备用。

2. 将泡好的黄豆、绿豆放入全自动豆浆机杯体内，加水至上、下水位线间，接通电源，待豆浆制成。

3. 将豆浆倒出，趁热加入干菊花、薄荷叶和冰糖，搅拌均匀，晾凉后放入冰箱冷藏1~2小时即可。

🌿 养生功效

清凉薄荷豆浆营养全面均衡。其中的绿豆可清热解毒、抗炎消肿、清洁肌肤、祛除角质，是"济世之粮谷"，有"解百毒"之功。但绿豆性凉，脾胃虚弱者不宜多吃，服药时也不宜食用。

营养果味豆浆

西瓜豆浆

原料

黄豆50克，大米20克，西瓜1个。

制法

1 将黄豆于温水中浸泡6～8小时后洗净。

2 将西瓜去皮、子，切成小块。

3 将黄豆与西瓜块一起放入豆浆机杯体中，加水至上、下水位线间，接通电源，待西瓜豆浆煮熟后即可。

💚 养生功效

西瓜豆浆颜色鲜艳，口感甜润，具有清热解暑、除乏止渴、美容护肤的功效。西瓜堪称瓜中之王，其果肉有清热解暑、解烦渴、利小便、解酒毒等功效，可用来治热症、暑热烦渴、小便不利、咽喉疼痛、口腔发炎、酒醉等。

苹果水蜜桃豆浆

原料

黄豆50克，苹果1个，水蜜桃1个，冰糖适量。

制法

1 黄豆洗净，在温水中浸泡6小时。

2 将苹果洗净，去核，切成小块；水蜜桃洗净，切块。

3 将切好的苹果和水蜜桃、黄豆一起放入豆浆机中，加入适量的水，接通电源，待熟豆浆制成。

4 根据个人口味加入适量的冰糖，待冰糖溶化后搅拌均匀即可饮用。

💚 养生功效

苹果水蜜桃豆浆具有健美皮肤、清胃润肺、祛痰利尿、预防感冒、增进食欲、解热利尿的功效。

香蕉豆浆

原料

香蕉1根, 无糖豆浆100毫升。

制法

1 香蕉去皮, 在杯内用勺子压成糊状。

2 将豆浆倒入装香蕉的杯子中搅拌, 待香蕉与豆浆融合后即可饮用。

养生功效

豆浆与香蕉都是饮食减肥的圣物, 两者结合起来, 更是能够发挥出惊人的功效, 小小的一杯香蕉豆浆, 足以令人体内的代谢功能加速, 是炎炎夏日减脂瘦身的好饮品。

温馨提示

可用香蕉豆浆代替晚餐, 让减肥的效果加倍。但要注意另外两餐的营养摄取要均衡。

菠萝豆浆

原料

黄豆50克, 菠萝肉30克, 盐少许。

制法

1 黄豆用温水泡软, 洗净; 菠萝肉切小块, 用淡盐水浸泡30分钟。

2 将泡好的黄豆和菠萝块放入全自动豆浆机杯体内, 加水至上、下水位线间, 接通电源, 待熟豆浆制成即可。

养生功效

这款豆浆能促进人体的新陈代谢、消除疲劳、增进食欲、促进消化, 尤其是在吃肉食较多的时候, 菠萝豆浆能起到消食作用, 并能解除油腻。

第四章

全家豆浆

—— 分清体质喝豆浆

全家豆浆

——分清体质喝豆浆

儿童成长豆浆
女性养颜豆浆
男性魅力豆浆
老人益寿豆浆
孕妇保健豆浆
产妇滋养豆浆

儿童成长豆浆

成员特征

　　夜啼、水痘、麻疹、急性肾炎、发育迟缓等都是孩子容易患的疾病，给父母造成了不同程度的困扰，花了很多钱不说，还让孩子痛苦。因此，在时下流行保健的环境下，不少父母总是担心孩子缺少营养素，影响生长发育，为了让孩子健康快乐的成长，不惜花大价钱给孩子买不同类型的营养品。

　　医学专家认为，儿童保健必须讲究科学，给孩子胡乱补充营养，不但起不到保健、养生的目的，还可能适得其反。有些父母喜欢给孩子买高蛋白食品，认为这样有助于孩子健康成长，殊不知孩子的消化系统还没有发育成熟，营养过剩容易引起消化不良，从而引发多种疾病。有些孩子免疫力低下、体质虚弱，容易传染上疾病，为了提高孩子的免疫力，父母常常自选补品。其实，这种做法也是不正确的，容易产生负面效果。所以，为了孩子的健康，做父母的千万不要盲目，以免酿成不可挽回的大错。

营养需求

　　在孩子成长的过程中，处在不同阶段的孩子所需要的营养是不同的。

学龄前儿童

　　学龄前儿童所需营养素的供给要满足该年龄段儿童对完全蛋白质的需要，保证钙、磷、铁、铜、硒等矿物质的供给，增加维生素A、维生素D、维生素C和B族维生素的供给。

中小学生

不挑食，不偏食，不吃零食，一日三餐的分配应为早餐占30%～35%、午餐占40%、晚餐占25%～30%为宜。要供给高蛋白质和热量足够的饮食。

（1）小学生每日膳食需求：粮食300～400克，肉、鱼、内脏类50～100克，蛋类50～100克，牛奶250克，豆腐50～100克（豆制品25～50克），蔬菜400～500克，水果1～2个，烹调油25毫升，白糖20克。

（2）中学生每日膳食需求：粮食400～500克，肉、鱼、内脏类75～125克，蛋类50～100克，豆腐50～100克（豆制品25～75克），蔬菜500克，水果1～2个，烹调油30毫升，白糖20克。

✚ 保健秘诀

营养专家认为，生活中最好的补品就是食物，做父母的不妨采用食疗的方式，给孩子补充营养。每天给孩子煮上一杯含不同营养素的豆浆，让孩子健康成长，自己也会轻松很多。

在我们日常生活的饮品当中，豆浆的蛋白质含量比较高，一般在2%左右。

而且，豆浆中含有儿童生长发育所需的9种氨基酸；豆浆的脂肪含量较低，相应热量也就比较低，是高营养密度的食品；豆浆脂肪中约80％为不饱和脂肪酸，有利于儿童的成长发育，特别是其中所含的大豆卵磷脂对婴幼儿的大脑发育很有益处；豆浆中还含有丰富的维生素、矿物质以及大豆异黄酮等保健功能性成分，有调节免疫、保护心血管、抗癌等作用。另外，豆浆在制作过程中，大豆蛋白质的结构也会变得比较疏松，有利于儿童的吸收。

豆浆推荐饮用量

儿童正处在长身体、学知识的黄金时期，营养对他们的生长发育，无论是在形态、功能、智力还是在健康等方面都会发生暂时的或永久的影响。根据儿童的饮食原则和膳食要求，推荐儿童每人每天的豆浆饮用量为400～600毫升，略少于一般成年人的饮用量。

此外需要注意的是，有些父母认为豆浆和牛奶不能一起喝，其实这是一种错误的看法。事实上，豆浆中加入牛奶不仅营养不会损失，反而会因为互补而加强。

牛奶可以提供动物蛋白质，豆浆补充植物蛋白质；牛奶中饱和脂肪比较多，豆浆却是不饱和脂肪比较多；牛奶中有适量的乳糖，豆浆提供不少膳食纤维；牛奶富含维生素A、维生素D、维生素B_7、维生素B_6，豆浆中维生素E和维生素K的含量较高；牛奶含钙高，豆浆含有可以提高钙利用率的钾、镁等。

　　这些营养素不但在种类上可形成互补，而且在进入人体以后可以协同作用，非常有利于孩子的健康。因此在给孩子喝豆浆的同时，也需要给孩子提供一定量的牛奶，甚至可以在孩子饮用的豆浆中加入牛奶，让豆浆的营养结构更均衡。

温馨提示

　　这里要提醒父母们，在给婴幼儿喂豆浆的时候，不要用豆浆去冲调配方奶粉。因为配方奶粉的营养比例是经过多次试验而得的，如果用豆浆去冲调，非常容易引起营养素不均衡及影响吸收等问题。

　　用豆浆冲调普通奶粉也不太适宜，容易导致溶液过浓，孩子饮用后可能会有渗透压较高的问题，从而给健康带来不好的影响。

　　市场上还有许多豆奶产品，有液态的，也有粉状的。这些产品有的仅以大豆为原料制成，有的在其中加入了牛奶、花生、核桃等其他原料，还有的加入了大量的糊精、奶精等，同时可能含有各种食品添加剂。因此，父母在给孩子选择这类产品时要十分慎重，要认真分析产品的配料和营养成分表。含有人工合成食品添加剂的产品，2岁以下的宝宝最好不要饮用。

DIY 制作指导

胡萝卜豆浆

原料

黄豆60克，胡萝卜1/3根。

制 法

1. 将黄豆泡好后洗净；胡萝卜洗净切块。

2. 将胡萝卜块和黄豆混合放入豆浆机杯体中，加水至上、下水位线间，接通电源，按下"五谷豆浆"键，十几分钟后即做好胡萝卜豆浆。

🌿 **养生功效**

胡萝卜富含糖类、脂肪、挥发油、胡萝卜素、维生素A、维生素B$_1$、维生素B$_2$、花青素、钙、铁等营养成分，素有"小人参"之称，有健脾和胃、补肝明目、清热解毒等功效，配合营养丰富的黄豆，非常适合儿童食用。

燕麦芝麻豆浆

原料

黄豆2/3杯，黑芝麻1/5杯，燕麦1杯。

制 法

1. 将黄豆浸泡后洗净。

2. 将洗净的黑芝麻、燕麦和黄豆混合放入豆浆机杯体中，加水至上、下水位线间，接通电源，按下"五谷豆浆"键，十几分钟后燕麦芝麻豆浆就做成了。

🌿 **养生功效**

黄豆全能的营养，再加上含钙丰富的黑芝麻、燕麦，能更好地补充婴幼儿所需的钙、铁元素。这款豆浆尤其适合婴幼儿、学龄前儿童及青少年饮用。

核桃燕麦豆浆

原 料

黄豆50克，核桃仁4个，燕麦10克。

制 法

1　黄豆用水浸泡6～8小时，洗净备用；核桃去壳切小块。

2　将黄豆和核桃仁、燕麦一起放入全自动家用豆浆机杯体中，加水至上、下水位线之间，接通电源，按下"好豆浆·五谷"键，待熟豆浆制成。

养生功效

黄豆和核桃富含卵磷脂，对增强记忆力大有裨益；核桃所含的蛋白质和锌，有助于提高思维的灵敏性。核桃燕麦豆浆能健脑益智，有利于儿童和青少年的大脑发育。

南瓜子十谷豆浆

原 料

十谷米80克，南瓜子5克，白糖适量。

制 法

1　十谷米洗净，泡水约2小时备用。

2　将十谷米和南瓜子放入全自动家用豆浆机杯体中，加水至上、下水位线之间，接通电源，按下"五谷粥"键，待熟豆浆制成，可加入白糖搅拌调味。

养生功效

十谷米包含糙米、黑糯米、小米、小麦、荞麦、芡实、燕麦、莲子、麦片和红薏苡仁，有100多种营养成分；南瓜子含有磷、铁、锌、钙等多种矿物质。南瓜子十谷豆浆清香怡人，容易消化，是补钙人士的最佳选择。

五谷酸奶豆浆

原 料

黄豆40克，大米、小米、小麦仁、玉米糁按同等比例混合取40克，酸奶100毫升。

制 法

1 黄豆用清水浸泡6~8小时，洗净备用。

2 将大米、小米、小麦仁、玉米糁和泡好的黄豆，混合放入全自动家用豆浆机杯体中，加水至上、下水位线之间，接通电源，按开键，待熟豆浆制成。

3 豆浆晾凉后，加入酸奶搅拌均匀。

❤养生功效

营养均衡才能保证孩子健康成长。而黄豆和谷物都是儿童和青少年长个子的有益食物，酸奶则有助消化。谷豆配合，营养更全面，吸收更容易。

温馨提示

玉米糁比较适合牙齿好的中青年人，以及肠胃好但容易便秘的人。

女性养颜豆浆

成员特征

随着社会的进步，一些女性拥有事业的成功、爱情的美满、家庭的幸福，逐渐成为社会的主角，社会地位也越来越高。在男人的眼中，女性的形象正逐渐高大起来。但是，这些表面的风光并不能使大部分的女性感到快乐，因为健康问题时刻在困扰侵袭着她们，如白带增多、月经不调、身材走样、面容憔悴等。这些使得一部分女性的脸上少了几分笑颜。

营养需求

处在不同年龄层的女性，对营养会有不同的选择与侧重点。女性在青春期与成熟时期的营养需求绝对不会相同。不同阶段的活动量、代谢量及面临的环境不同，饮食侧重点自然也有差异。

处在青春期的女性，精力最旺盛，体力消耗也最大。因为在这个阶段，她们在忙着学业或事业，可能常常需要熬夜，也会因为香烟与酒精的刺激而对健康造成伤害。要想让伤害减至最低，除了应饮食均衡外，还要特别注意对维生素C的摄取。因为饮酒与吸烟会增加维生素C的代谢率，而环境及情绪上的压力，也会使维生素C的需求增加。

处在中年期的女性，身体老化的迹象日趋明显，摄取充足的B族维生素，可缓和老化现象，并帮助皮肤保持最佳状态。牛奶、酸奶等乳制品及谷类豆类等皆含有丰富的B族维生素。

许多女性一步入中年，就大量减少蛋白质的摄取，这是不正确的。蛋白质的摄取对于生命的每一个阶段都相当重要，即使是中老年期也不例外。无论是少女还是中老年女性，蛋白质的摄入都是非常重要的。蛋白质对于维持身体的功能、细胞正常的分化与生长、皮肤的健康，都有着非常重要的作用。因此即使步入中老年，也要摄取足够的优质蛋白质。

✚ 保健秘诀

拥有健康的身体及迷人的身材，是每一位女性的追求与梦想。其实，饮食与健康之间存在着千丝万缕的联系，如何依靠饮食来"永葆青春"，是女性们关注的重点问题。医学研究表明：许多食物对女性的保健、养生、美容有很好的效果。现代营养研究认为，女性青春的流逝与雌激素的减少密切相关，而鲜豆浆含有植物雌激素"黄豆苷原"、大豆蛋白质、异黄酮、卵磷脂等物质，不仅对乳腺癌、子宫癌等疾病有一定的预防作用，还是一种天然的雌激素补充剂。

女人多贫血，豆浆对贫血病人的调养作用比牛奶要强。中老年女性常喝豆浆，可调节内分泌、延缓衰老；青年女性喝豆浆，则可美白养颜、淡化暗疮。

豆浆推荐饮用量

　　一般来说，成年人的豆浆饮用量是每日两杯，或者一杯豆浆加一块豆腐。根据国家食物与营养咨询委员会推荐，每人每天至少应该摄入25克左右的大豆蛋白。推荐豆浆饮用量为每人每天400～700毫升。

　　青年女性饮用豆浆，能令皮肤白皙润泽，容光焕发，因此饮用量可以略高于一般成年人，推荐饮用量为每人每天400～800毫升。

知识链接

豆浆神奇瘦身法详细指导

　　豆浆所含的大豆蛋白质和大豆配醣体等有效成分可以有效抑制人体对碳水化合物和脂质的吸收，能帮助瘦身。所以，在用餐时饮用豆浆，更能达到瘦身效果。

　　如果选择在餐前饮用豆浆，再搭配有饱食感的高纤食材，可以防止过度饮食。

　　饮用豆浆时一定要一口一口慢慢喝，不要一口气喝完，这样才能使豆浆中的营养充分被人体吸收。

DIY 制作指导

红枣养颜豆浆

原 料

黄豆50克，红枣10枚，枸杞子10克，冰糖10克。

制 法

1 将黄豆预先浸泡洗净，红枣洗净去核。

2 将黄豆、红枣、枸杞子混合放入豆浆机杯体中，加水至上、下水位线之间，接通电源，按下"全豆豆浆"键，待熟豆浆制成，可按个人口味加适量冰糖。

🌿 养生功效

红枣养颜豆浆补血养颜，适合中青年女性饮用。红枣为补养佳品，食疗药膳中常加入红枣补养身体、滋润气血。平时多吃红枣、枸杞子，能提升身体的元气，增强免疫力。

杏仁松子豆浆

原 料

黄豆70克，南杏仁10克，松子5克，冰糖适量。

制 法

1 黄豆用水浸泡6～8小时，洗净备用。

2 将南杏仁、松子和黄豆混合放入全自动豆浆机杯体中，加水至上、下水位线间，接通电源，按下"好豆浆·五谷"键，待熟豆浆制成，可趁热加入冰糖调味。

🌿 养生功效

南杏仁又称甜杏仁，含有丰富的单不饱和脂肪酸，有益于心脏健康。南杏仁还含有维生素E等抗氧化物质，能预防疾病和早衰、促进皮肤微循环，它与松子都有润肤养颜的功效，自古以来就是美容佳品。

薏苡仁百合豆浆

原 料

黄豆40克，薏苡仁10克，百合干8克，白糖适量。

制 法

1　黄豆用清水浸泡6~8小时，洗净备用。

2　将黄豆、薏苡仁和百合干混合放入全自动家用豆浆机杯体中，加水至上、下水位线之间，接通电源，煮至豆浆机提示豆浆做好即成，可加入适量白糖。

❤ **养生功效**

百合具有润肺止咳、清心安神的作用，薏苡仁能美白祛湿，配合黄豆能滋阴润燥。此豆浆有助于提高睡眠质量，具有美白肌肤的功效。

荷叶桂花豆浆

原 料

黄豆70克，新鲜荷叶1/10块，绿茶5克，桂花少许，白糖少量。

制 法

1　黄豆用清水浸泡6~8小时，洗净备用；荷叶洗净撕小块。

2　将黄豆和荷叶块混合放入全自动豆浆机杯体中，加水至上、下水位线之间，接通电源，待熟豆浆制成。

3　杯子里放入略冲洗过的绿茶和桂花及少量白糖，豆浆趁热倒入即可。

❤ **养生功效**

荷叶是夏天清热解暑的佳品，其和绿茶、桂花及黄豆搭配，有较明显的瘦身纤体效果。但体质偏凉的人不宜饮用。

黑芝麻花生豆浆

原 料

黄豆60克，花生仁（带皮）15克，黑芝麻5克，冰糖适量。

制 法

1 黄豆用清水浸泡6～8小时，洗净备用；黑芝麻略冲洗。

2 将花生仁、黑芝麻和黄豆混合放入全自动豆浆机杯体中，加水至上、下水位线之间，接通电源，待熟豆浆制成，可趁热加冰糖拌匀调味。

🌿 **养生功效**

带皮的花生仁有补血的作用，黑芝麻乌发养颜，它们和黄豆配合做成豆浆，口味及乌发养颜的效果俱佳。

蔬菜水果汁豆浆

原 料

苹果、胡萝卜、西红柿、柠檬汁、豆浆各适量。

制 法

1 准备好苹果、胡萝卜、西红柿、柠檬汁，都应酌量添加，在制作之前先将材料放在冰箱里。

2 将上述蔬菜瓜果去核去蒂，带皮洗净；苹果、西红柿切成梭子形，胡萝卜切成细长条。

3 将切好的蔬果依次放入榨汁机中榨汁。

4 在榨好的蔬果汁里加入柠檬汁和豆浆，蔬果汁和豆浆的比例是1：1。如果多放豆浆，味道会变得清淡。

🌿 **养生功效**

这款豆浆营养丰富，具有美颜养肤的功效，并有利于保持身体健康。

核桃花生豆浆

原 料

黄豆60克，大米30克，花生20粒，核桃仁5瓣。

制 法

1 将黄豆预先浸泡好，和核桃仁、花生、大米混合放入豆浆机杯体中。

2 加水至上、下水位线之间，启动电源，待熟豆浆做好即可。

🌿养生功效

　　核桃花生豆浆养血健脾、润肺化痰、润肠通便、止血通乳、健脑，适用于营养不良、乳汁缺乏、贫血、便秘、动脉硬化、心血管病等病症。

男性魅力豆浆

 成员特征

男性承担着养家糊口的主要责任，加之现在生活压力巨大，因此，他们不得不拼命地工作、奔波。在这种情况下，如果不注意保养，即使是铁打的身体，也很难长时间承受如此大的压力。在忙碌的生活状态下，许多男性疾病也悄悄地降临，如性欲低下、遗精、阳痿、早泄、不育等，给男性造成了莫大的困扰，使他们难以安心应对生活的挑战，更没有心情去关爱妻子、教育子女、照顾老人。

营养需求

处在不同年龄段的男性，对营养的需求也是不一样的。

20～35岁的男性

对于20～35岁的男性而言，这个年龄段正值人生金光灿烂的季节。如何使自己的理想经过奋斗、拼搏成为现实，除了事业上要格外努力外，均衡的营养也可以助他们"一臂之力"。

1 富含维生素A的食品要适量。维生素A有助于提高人体免疫力，保护视力，预防癌症。一个成年男子每天需要摄入700微克维生素A，但维生素A过量摄入对身体也有害。

2 含维生素C的食物要充足。维生素C不仅可以提高人体免疫力，还可预防心脏病、中风，保护牙齿，同时对男性不育的治疗有辅助作用。据研究，每人每天维生素C的摄入量应为100～200毫克，最低不少于60毫克。

3 含锌食物不能缺。锌是人体内酶的活性成分，能促进性激素的生成，可以保持男性的性能力。锌如果缺乏可能引起精子数量减少、精子畸形增加以及性功能减退。成年男性应每天摄入锌11毫克左右，但不宜过量，过量会影响其他矿物质的吸收。

4 含镁的食物不可少。镁有助于调节人的心脏活动、降低血压、提高男性的生育能力。含镁较多的食物有大豆、马铃薯、核桃仁、燕麦、通心粉、绿叶菜和海产品等。

5 补充水分要足够。人体任何一个细胞都不能缺乏水分，成年人身体60%～65%是水分，如果男性想要保持健美的肌肉，就必须饮用足量的水。中等身材的男性每人每天需饮用8杯水，运动量大的男性对水的需求量则更大。

35 ～ 45岁的男性

对于处在35 ～ 45岁的男性而言，在这个时期开始出现形态和功能上的老化，衰退现象逐渐明显。为了抵抗机体衰退，这一年龄段男性除了平时适当减压和进行体育锻炼外，更需要摄取合理的营养。

1 补充维生素B_6。维生素B_6有助于提高人体免疫力，可预防皮肤癌、肾结石等。成人一天需要2毫克维生素B_6，约相当于2根大香蕉的含量。

2 维生素E要丰富。维生素E有延缓衰老和避免性功能衰退的作用。同时，维生素E是抗氧化剂，能阻止自由基对血管壁的损害，从而可预防动脉粥样硬化和冠心病。

3 膳食纤维不能少。膳食纤维的主要作用在于其能加强肠蠕动、降低胆固醇，有降压和预防结肠癌的作用。

4 稳定情绪要补钙。钙是人体中的重要元素，它不但是人体骨骼和牙齿的主要成分，还具有安定情绪的作用。脾气暴躁者应该多喝牛奶、酸奶，多吃奶酪等乳制品，以及鱼干、骨头汤等含钙食物。

5 蛋白质要适量。实际上，除了从事健美运动的男性外，多数人不需要补充太多的蛋白质。

45 ～ 65岁的男性

在这个年龄段，要爱护自己的身体还不算太晚，虽然随着年龄不断增加，会出现衰老现象，但可以通过摄入食物，补充营养来延缓衰老。

1　食物品种多样化。不吃或少吃甜食，营养搭配合理，多食富含膳食纤维、维生素、矿物质的食物。鸡、鱼、兔肉易于吸收，奶制品与豆类含钙高，新鲜蔬菜和水果可提供大量维生素、膳食纤维和微量元素，这些都可多食。同时注意饮食宜清淡少盐。

2　低脂肪。脂肪量过多会引起肥胖，导致动脉粥样硬化及某些癌症，如结肠癌、前列腺癌等。但脂肪量也不宜过少，否则会影响脂溶性维生素的吸收。成人每日食用油摄入量以25克左右为宜。

3　降脂食物。为预防男性更年期血脂升高、动脉硬化，建议多食些降脂食品，香菇能抑制体内胆固醇上升，有明显的降脂作用；海带、海藻所含成分能使脂肪不在心脏、血管壁上沉积；山楂含解脂酶，能促进脂肪类食物的消化，故有降血脂作用；沙棘果实中含有醋柳总黄酮，有降低胆固醇的效果。

4　补脑益智食品。研究发现，含有卵磷脂、脑磷脂、谷氨酸等物质的食品能提高大脑的活动能力，延缓大脑的老化和衰退。所以，这一年龄段男性可常食大豆、蜂蜜等；坚果中含不饱和脂肪酸较多，为了保护听力可多吃花生、芝麻、核桃、松子等食品。

5　强精固肾类食物。海藻含藻胶酸、甘露醇、钾、碘及多种微量元素，与淡菜、牡蛎等生长于海藻间的贝类海鲜食品，一样具有补虚益精、温肾散寒的功效，对防治肾虚、早泄、精力不足均有效。此外，还有很多强精益肾的食物可帮助防治性功能障碍，如韭菜、莲子、枸杞子等。

据营养学家分析，豆浆含铁量是牛奶的6倍，含蛋白质也比牛奶高，且在人体内的吸收率可达到85%。很多男性认为，豆浆中含植物性雌激素——大豆异黄酮，因此心有芥蒂。其实男性喝豆浆也有很多好处，尤其是对于中老年人，豆浆更有预防中风、维持心血管健康、改善肠道功能、保持青春活力的保健功效。

男性喝豆浆还能预防前列腺癌的发生。大豆异黄酮在人体中能取代人体内源性雌激素在体内的受体位置，调节激素水平，减少患与激素有关癌症的风险，如乳腺癌等。男性体内也存在雌激素受体，因此大豆异黄酮对男性同样是非常有益的，能够降低男性前列腺癌的发生概率。

↘DIY 制作指导

燕麦豆浆

原料

黄豆1/2量杯，燕麦1/2量杯，枸杞子少许，水适量。

制法

1　将黄豆用水浸泡一晚后再冲洗一遍。

2　将燕麦略微冲洗一下，放少许枸杞子，和泡好的黄豆一起放进豆浆机里，然后倒入清水，接通电源，按下按钮，待熟豆浆制成即可。

🍃养生功效

　　燕麦豆浆含有丰富的维生素B$_1$、维生素B$_2$、维生素E及叶酸等，这些维生素可以有效作用于神经系统，帮助解除压力、改善血液循环、消除疲劳、减轻眼睛的干涩感，保证热能代谢的正常进行。所以燕麦豆浆对生活节奏快、饮食不规律，且常常处于紧张状态的现代上班族来说，可谓是一款兼顾营养与保健功能的健康饮品。

薄荷黄豆绿豆豆浆

原料

黄豆40克，绿豆30克，大米10克，薄荷叶少量，冰糖适量。

1 黄豆、绿豆分别浸泡约8小时，洗净备用；薄荷叶洗净备用。

养生功效

薄荷的解乏醒脑功效显著，和绿豆搭配，更加清凉爽口。男性脑力劳动者在工作之余来杯薄荷黄豆绿豆豆浆，可使心情畅快、精神饱满。

2 将泡好的黄豆、绿豆、大米和少量薄荷叶一起放入全自动豆浆机杯体中，加水至上、下水位线之间，接通电源，待熟豆浆制成。

3 趁热加入冰糖拌匀，晾凉后可放入冰箱冷藏1小时再食用。

糯米黑豆豆浆

原 料

黑豆50克，糯米25克，白糖、水各适量。

制 作

1 黑豆加水泡至发软，捞出洗净；糯米淘洗干净。

2 将糯米、黑豆放入豆浆机中，添水搅打成豆浆。

3 将豆浆用过滤网过滤，煮熟后加入适量白糖溶化调匀即成。

养生功效

糯米又名江米，含有蛋白质、脂肪、碳水化合物、钙、磷、铁及淀粉等营养物质，为温补强壮佳品。糯米黑豆豆浆能补中益气、补肾益阴、健脾利湿。

红枣莲子豆浆

原 料

黄豆60克，红枣8枚，莲子10克，冰糖适量。

制 法

1 黄豆用清水浸泡6～8小时，洗净备用；莲子洗净泡水2小时；红枣洗净去核。

2 将红枣、莲子和黄豆混合放入全自动豆浆机杯体中，加水至上、下水位线之间，接通电源，待豆浆机提示豆浆制成即可。

养生功效

红枣健脾益胃、补气养血，莲子养心安神。红枣莲子豆浆补气养血，尤其能满足男性保持健康活力的需要。

老人益寿豆浆

成员特征

很多疾病都比较"偏爱"老年人，如高血压、高血脂、糖尿病、心脏病、骨质疏松等，这是因为随着年龄的增长，身体的免疫功能逐渐减退，容易遭受疾病侵袭。

许多老人已经意识到了健康对自己的重要性，所以他们不惜花大价钱购买各种保健品、营养品，希望能借此增强体质，远离疾病。当然，我们不能否定保健品与营养药物的重要性，但是这要付出很大的经济代价，况且现在市场上的很多保健品与营养药物并不可靠，很难买到真货。所以说，与其浪费时间和金钱在保健和营养药物上，还不如用它来购买制作豆浆的原材料，既能保健强身、延年益寿，又能享受制作过程中的乐趣。

营养需求

人步入老年期后，生理功能开始衰退，如咀嚼、消化、吸收等能力降低，肌肉活动能力减弱，机体的抵抗力下降等，从而易导致一些老年性疾病的发生。随着老年人生理功能的改变，促使老年人的营养和饮食也要发生相应的改变。这个年龄段的人必须摄取足够的营养素，才能维持机体的正常运行。

1 碳水化合物供给热量应占总热量的55％～65％。随着年龄的增加，人体体力活动和代谢活动逐步减低，热能的消耗也相应减少。一般来说，60岁以后热能的提供应较年轻时减少20%，70岁以后应减少30%，以免过剩的热量导致超重或肥胖，并诱发一些常见的老年病。

2 蛋白质要优质少量。老年人体内的代谢过程以分解代谢为主，需要较为丰富的蛋白质来补充组织蛋白的消耗，但由于其体内的胃胰蛋白酶分泌减少，过多的蛋白质又会加重老年人消化系统和肾脏的负担。所以，老年人每天的蛋白质摄入不宜过多，蛋白质供给热量应占总热量的15%。还应尽量摄入优质蛋白质，且优质蛋白质应占摄取蛋白质总量的50%以上，一些含优质蛋白质较多的食物如豆类、鱼类等可以多吃。

3 脂肪供给热量应占总热量的20%～30%，并应尽量选用含不饱和脂肪酸较多的植物油，减少膳食中饱和脂肪酸和胆固醇的摄入。应多吃一些花生油、豆油、菜油、玉米油等植物油，尽量避免猪油、肥肉、酥油等动物性脂肪。

4 增加富含钙质食物的摄入量，增加户外活动。由于老年人体内胃酸较少，且消化功能减退。因此应选择容易吸收的钙质，如奶类及奶制品、豆类及豆制品，以及坚果如核桃、花生等。

5 增加维生素。维生素在维持身体健康、调节生理功能、延缓衰老的过程中起着极其重要的作用。富含维生素A、维生素B_1、维生素B_2、维生素C的食物，可增强机体的抵抗力，特别是B族维生素能增加老年人的食欲。多吃蔬菜和水果可增加维生素的摄入，且有较好的通便作用。

6 提高膳食纤维的摄入。膳食纤维主要包括淀粉以外的多糖，存在于谷类、薯类、豆类、蔬果类等食物中。这些膳食纤维虽然不被人体所吸收，但在帮助通便、吸附由细菌分解胆酸等而生成的致癌物质、促进胆固醇的代谢、防止心血管疾病、降低餐后血糖和防止热能摄入过多方面，有着重要的作用。老年人的膳食纤维摄入量以每天30克为宜。

7 补充足量水分。人体失水10％就会影响机体功能，失水20％即可威胁生命。如果水分不足，再加上老年人结肠、直肠的肌肉萎缩，肠道中黏液分泌减少，很容易发生便秘，严重时还可发生电解质失衡、脱水等。

温馨提示

1.老年人的食物要粗细搭配，易于消化。

2.老年人热量摄入应以维持标准体重为原则，必须获得足够的完全蛋白质、钙、铁和各种维生素。

3.老年人对食物的选择应多样化，荤素搭配，以素为主。应多吃豆制品、鱼类、禽类、粗粮、杂粮、豆类、蔬菜、水果等。

4.老年人饮食要清淡，忌吃过多的油脂，不宜多吃甜食，可有针对性地选择补品。

5.老年人除了应注意饮食外，还应积极参加体育运动，以保持热量平衡。

保健秘诀

鉴于这些特殊情况，老年人应多喝一些具有提高免疫力、补充钙质、有通经活血功效的饮品。豆浆物美价廉，营养价值很高，素有"绿色牛乳"之称，正是老年人的理想饮品。老年人由于牙齿松动，消化功能减弱，喝豆浆则更为适合。而且，人体所需的各种营养，在溶入豆浆中后，更易被人体吸收。豆浆中不含胆固醇，那些患有高血脂、高血压、动脉硬化、冠心病、糖尿病及胆石症的老年人食用豆浆更为适宜。

1 豆浆中的优质蛋白质含有8种人体必需的氨基酸，对老年人保持身体健康、增强记忆力十分有益。

2 豆浆中的油脂为不饱和脂肪酸和卵磷脂，可起到防止动脉硬化、脑溢血及血栓形成的作用。

3 豆浆中含有16种矿物质，钙、铁、磷等含量丰富，对维持老年人的神经、脏腑、骨骼和皮肤健康有着重要作用。

值得注意的是，要想产生效果，食用豆浆一定要持之以恒，最好能养成每天早晚各喝一杯鲜豆浆的习惯。

豆浆推荐饮用量

正如上所述，老年人热量摄入应以维持标准体重为原则，必须获得足够的完全蛋白质、钙、铁和各种维生素。多喝豆浆可预防老年痴呆症，增强抗病能力，防癌抗癌；中老年妇女饮用，能调节内分泌、改善更年期综合征。由于老年人的消化吸收功能开始减弱，推荐老年人每人每天豆浆饮用量为300～450毫升，略低于一般成年人。

温馨提示

老年人如果有晨练的习惯，最好在晨练前补充一些带水分、易消化且热量高的食物，如喝点豆浆、麦片、粥，或吃些面包、蛋糕等。需要注意的是，运动前最好别喝牛奶，因为牛奶喝后容易胀肚，影响之后的运动。

→DIY 制作指导

长寿五豆豆浆

原料

黄豆50克，黑豆、青豆、豌豆、花生米各25克，白糖、水各适量。

制法

1 将黄豆、黑豆、青豆、豌豆、花生米按3：1：1：1：1的比例配好，浸泡6～12小时后捞出洗净。

2 将洗好的豆子放入豆浆机中，添水搅打成豆浆。

3 将豆浆过滤，煮熟后加入适量白糖，溶化调匀即可。

养生功效

长寿五豆豆浆富含多种营养成分，长期饮用能降低人体胆固醇含量，对高血压、高血脂、冠心病、动脉粥样硬化、糖尿病等有一定的食疗作用，具有平补肝肾、防老抗癌、降脂降糖、增强免疫力等作用，非常适合老年人饮用。

核桃益智豆浆

原料

核桃仁30克，黑芝麻30克，黄豆、蜂蜜各适量。

制法

1 将黄豆泡好，放入豆浆机料斗中，打出新鲜的豆浆煮熟。

2 将核桃仁、黑芝麻放入料理机中，磨成粉末。

3 将磨好的核桃仁、黑芝麻粉末放入鲜豆浆中冲泡均匀，另加入蜂蜜适量，调匀即成。

养生功效

核桃富含锌、锰、铬等人体稀缺元素，是补脑长寿佳品，对保护心血管，及预防冠心病、中风、阿尔茨海默病（老年性痴呆）颇有裨益。核桃芝麻豆浆富含卵磷脂和胆碱，能有效改善大脑功能、补脑益智、增强记忆力，非常适合老年人饮用。

知识链接

核桃又名胡桃，其无论是药用，还是单独生吃、水煮、烧菜等，都有补血养气、补肾填精、止咳平喘、润燥通便等良好功效，是食疗佳品。

豌豆绿豆大米豆浆

原料

大米75克，豌豆10克，绿豆15克，冰糖10克。

制法

1 绿豆、豌豆用清水浸泡10~12小时，洗净；大米淘洗干净。

2 将绿豆、豌豆和大米倒入全自动豆浆机中，加水至上、下水位线之间，煮至豆浆机提示豆浆做好，过滤后加冰糖搅拌至化开即可。

养生功效

绿豆中含有的植物固醇能减少肠道对胆固醇的吸收；豌豆中所含的胆碱、蛋氨酸有助于防止动脉硬化和预防老年人易发的心血管疾病。

温馨提示

豌豆易产气，使人腹胀，消化不良者和慢性胰腺炎患者忌饮这款豆浆。

龙眼豆浆

原料

黄豆70克，龙眼肉8~10颗，水适量。

制法

1 黄豆用清水浸泡6~8小时；龙眼肉洗净。

2 将泡好的黄豆洗净后，与龙眼肉一起放入全自动豆浆机杯体中，加水至上、下水位线之间，接通电源，待熟豆浆制成。

养生功效

龙眼养血安神，能有效改善失眠、健忘、神经衰弱等症。此豆浆不但宁神益心，而且对改善贫血及病后、产后虚弱都有一定辅助功效，另外还有美容、延年益寿的作用。

温馨提示

每晚睡前吃10个龙眼，可养心安神，治疗心悸失眠。

虾皮紫菜补钙豆浆

原料

黄豆40克，大米15克，紫菜10克，虾皮10克，小米10克，葱少许，盐、味精各适量。

制法

1 将黄豆浸泡好后洗净，紫菜、虾皮、大米、小米淘洗干净，葱切碎。

2 将全部材料一起放入豆浆机杯体中，加水至上、下水位线之间，接通电源，按下"五谷豆浆"键，待熟豆浆制成即可。

3 在做好的豆浆中添加适量盐及味精调味，即可直接饮用。

养生功效

虾皮营养丰富，每100克虾皮含钙量高达991毫克，补钙效果极佳。紫菜含碘量很高，可用于治疗因缺碘引起的甲状腺肿大，有软坚散结功能；紫菜还富含钙、铁等矿物质元素，能治疗缺铁性贫血、促进骨骼及牙齿的生长发育。此款豆浆可作为补钙佳品经常饮用。

玉米小米豆浆

原料

黄豆1/2量杯，玉米糁1/5量杯，小米1/5量杯。

制法

1 将黄豆预先浸泡好。

2 将玉米糁、小米和泡好的黄豆洗净，混合放入豆浆机杯体中，加水至上、下水位线之间，接通电源，按下"五谷豆浆"键，待熟豆浆制成即可。

养生功效

玉米的主要成分是蛋白质、脂肪、维生素E、钾、镁、硒及丰富的胡萝卜素，具有益肺宁心、健脾开胃、防癌、降胆固醇、健脑、平肝利胆、泄热利尿、止血降压的功效。玉米、小米和黄豆一起制成的豆浆结合了三者的营养成分，具有健脾和胃、利水通淋的作用，特别适合久病后脾胃亏虚的老年人饮用。

知识链接

1.霉坏变质的玉米有致癌的作用，不能食用。

2.患有干燥综合征、糖尿病、更年期综合征且属阴虚火旺之人不能食用玉米做的爆米花，否则容易助火伤肝。

3.如果以玉米为主食，会导致营养不良，不利健康；若把玉米当点心食用，则有助于肠胃蠕动，有益健康。

孕妇保健豆浆

 成员特征

　　怀孕是成熟女性大都要经历的一个阶段，健康对怀孕女性来说是非常重要的，这不但是对自己负责，也是对孩子负责。通常情况下，孕妇在妊娠期间最容易受疾病的侵害，常见的疾病有：缺铁性贫血、皮肤瘙痒、肾结石、腹痛、妊娠期血小板减少、腰痛、小便不通、水肿等，这些疾病都可能妨碍胎儿正常发育，甚至会导致流产、早产。因此必须多加注意，以免疾病发生。

营养需求

　　孕妇由于身体不断发生各种各样的变化，在不同的时期需要的营养也有所不同，因此，为了胎儿的健康成长，孕妇在不同的时期要补充各种需要的营养。如果孕妇的营养适宜，就能为胎儿的正常发育打下良好的物质基础；如果孕妇的营养不良，就可能引起小产、死产、早产及先天畸形、先天虚弱和先天智能低下等病症。研究表明，孕妇每天至少需摄入100克蛋白质、1 000毫克钙、700毫克磷。孕期还应摄入足够的热量和营养素，但应注意不要摄入过多的食物。孕妇每天应尽量摄入以下食物：谷类350～400克，最好有多种杂粮；豆类及其制品100克；肉、禽、蛋、鱼等（包括动物肝脏及血）500克；蔬菜、水果500克左右；牛奶或豆浆200毫升。

 保健秘诀

豆浆不仅富含人体必需的植物蛋白质和磷脂，而且含有多种维生素、铁、磷等营养素。女人喝豆浆得天独厚的优势就在于豆浆中大豆异黄酮活性成分发挥的植物雌激素的作用。大豆异黄酮具有双向调节女性体内雌激素水平的作用，能帮助孕妇改善心态和身体素质，调节内分泌，呵护乳腺、子宫等的健康。

对于孕妇来说，如果孕期蛋白质摄入不足，不仅会使胎儿大脑发生重大障碍，还会影响到产后乳汁蛋白质含量及氨基酸组成，导致乳汁减少。婴幼儿蛋白质摄入不足，还会直接影响到其脑神经细胞发育。

孕妇常喝豆浆，就能够摄取到五谷类食物丰富的营养，这不仅能补充妊娠时身体各种营养素的需求，也能够为腹中的宝宝提供健康发育不可缺少的物质。所以，只要孕妇喝豆浆不过量，还是有很多好处的。

防治糖尿病

豆浆中含有大量纤维素，能有效阻止糖的过量吸收，减少糖分，所以能防治糖尿病。对一些患有糖尿病的孕妇来说，豆浆是日常生活中必不可少的好食品。

增强抵抗力

据分析，每100克豆浆中含蛋白质4.5克、脂肪1.8克、碳水化合物1.5克、磷4.5毫克、铁2.5毫克、钙2.5毫克以及多种维生素等，对增强体质大有好处。

防治癌症

　　豆浆中的蛋白质和硒、钼等具有很强的抑癌和治癌作用，尤其对胃癌、肠癌、乳腺癌有特效。据研究发现，不喝豆浆的人发生癌症的概率要比常喝豆浆的人提高50%。

防治冠心病

　　豆浆中所含的豆固醇和钾、镁、钙能加强心肌血管的兴奋，改善心肌营养，降低胆固醇，促进血流，防止血管痉挛。如果能坚持每天喝一碗豆浆，冠心病的复发率可降低50%。

防治高血压

　　豆浆中所含的豆固醇和钾、镁，是有力的抗盐钠物质。钠是高血压发生和复发的主要根源之一，如果能适当控制钠的数量，既能防止高血压的发生，又能治疗高血压。

防治支气管炎

　　豆浆中所含的麦氨酸有防治支气管平滑肌痉挛的作用，从而可减少和减轻支气管炎的发作。孕妇常喝豆浆能防止支气管炎的发生。

防治脑中风

　　豆浆中所含的镁、钙等元素，能显著降低脑血脂，改善脑循环，从而可有效防止脑梗死、脑出血的发生。

　　豆浆中所含的卵磷脂，还能减少脑细胞死亡，提高脑功能。

豆浆推荐饮用量

孕早期

这一时期，孕妇的生理特征还不是很明显，饮食原则和膳食要求同一般成年人相差不大。因此，推荐孕妇每人每天豆浆饮用量500～700毫升，比一般成年人饮用量略高。

孕中期

这一时期，孕妇的生理特征变化比较明显，对蛋白质的摄入量需求增加，故饮用量应在孕早期的基础上增加50毫升，推荐每人每天豆浆饮用量为550～750毫升。

孕晚期

此期间孕妇生理特征变化持续明显，蛋白质摄入要满足孕妇和胎儿双方的需求，故此期间饮用量应在孕中期的基础上增加50毫升，建议每人每天豆浆饮用量为600～800毫升。

此外，人体对大豆蛋白的吸收多少与食用方式有一定的关系，其中，干炒大豆的蛋白消化率不超过50%，煮大豆也仅为65%，而制成豆浆后大豆蛋白消化率则在95%左右。因此，每天喝一杯豆浆对孕妇而言是摄取优质蛋白质的一个最有效的途径。

DIY 制作指导

安神豆浆

原料

鲜百合25克，泡发银耳25克，黑豆40克。

制法

1. 将黑豆预先浸泡好。
2. 将百合、银耳和泡好的黑豆洗净，混合放入豆浆机杯体中，加水至上、下水位线之间，接通电源，按下"五谷豆浆"键，十几分钟后豆浆就做好了。

🌿 养生功效

安神豆浆能滋阴润肺、益胃生津、清心安神，可缓解妊娠反应症状、改善睡眠质量，适合孕期妇女饮用，保证孕妇每天都有好睡眠。

雪梨豆浆

原料

黄豆50克，雪梨1个，冰糖20克。

制法

1. 将黄豆预先浸泡好；雪梨洗净，去皮、去核。
2. 将雪梨切成小块，和泡好洗净的黄豆混合放入豆浆机杯体中，加水至上、下水位线之间，接通电源，按下"全豆豆浆"键，待熟豆浆制好即可。

🌿 养生功效

孕期妇女易上火，雪梨具有润肺清心、消痰止咳的作用，其与黄豆搭配做成的豆浆，是非常好的孕期饮品。

爽口小米豆浆

原料

豌豆（荷兰豆）1量杯，小米1/5量杯，湿黄豆2量杯。

做法

1 将豌豆切块，小米淘洗干净。

2 将原料称量好混合加入豆浆机杯体中，加水到上、下水位线之间，接通电源，十几分钟后豆浆就做好了。

❤ **养生功效**

黄豆中含维生素B_{12}，豌豆中含有丰富的叶酸，这些可以保证胎儿的中枢神经系统发育所需要补充的叶酸和维生素B_{12}，所以，这款豆浆非常适合孕早期的孕妇饮用。但要注意的是，要选择新鲜的豌豆，这样做出来的豆浆呈淡绿色且散发豌豆的清香，入口清新、爽口。

产妇滋养豆浆

 成员特征

刚刚生下孩子的女性，身体比较虚弱，心肺、胃肠道、呼吸、泌尿生殖、新陈代谢等系统都会发生变化，而坐月子的这段时间是调养的最佳时期。如果能好好调养，可使原有的一些顽固疾病，如头痛、腰酸腿疼等逐渐消失。

营养需求

研究发现，产妇的基础代谢率要比平时增高大约20%，每天还会分泌乳汁600~800毫升。因为这部分的热量消耗，产妇必须从膳食中摄入更多的营养素才能满足身体需求。

产妇每日的营养素需求主要有：蛋白质100克，钙1200~2000毫克，磷不少于700毫克，铁35毫克，锌21.5毫克以上，硒65微克以上，维生素B_1不少于1.8毫克，维生素C130毫克。

要满足产妇月子里营养素的需求量，产妇的饮食是很重要的，一般要注意以下几点。

增加餐次

产妇每天餐次应较一般人略多，以5~6次为宜，这是因为餐次增多有利于食物消化吸收，保证充足的营养。产妇产后胃肠功能减弱，蠕动减慢，如一次进食过多过饱，会增加胃肠负担，从而减弱胃肠功能。采用多餐制则有利胃肠功能恢复，减轻胃肠道负担。

食物应干稀搭配

每餐食物应干稀搭配。干者可保证营养的供给，稀者则可提供足够的水分。母乳中含有大量水分，乳母乳汁的分泌则需要水分来补充。产后失血伤津，也需要水分来补充。

蔬菜、水果不可少

对于蔬菜和水果，传统的观念认为，两者"水气大"，产妇吃了会伤身体。殊不知新鲜的蔬菜和水果，不仅可以补充肉、蛋类所缺乏的维生素C和纤维素，还可以促进食欲，帮助消化及排便，防止产后便秘的发生。足够的B族维生素能使乳汁充沛，新妈妈要适当吃一些粗粮、水果和蔬菜。此外，质地良好的红茶是B族维生素和维生素C的丰富来源，新妈妈每日可酌量饮用。

对于产妇来说，除了应增加富含营养素的食物之外，如鸡、蛋、鱼、瘦肉、牛肉、排骨、牛奶、豆腐等，还要注意进食一些汤类，如排骨汤、猪蹄汤、鱼汤等，以保证营养的充分吸收。

✚ 保健秘诀

我们都知道，豆浆性味平和，有补虚润燥、清肺化痰的功效。豆浆中含有丰富的植物蛋白质、磷脂、维生素B_1、维生素B_2、烟酸和铁、钙等矿物质。豆浆还具有防治高血脂、高血压、动脉硬化、缺铁性贫血、气喘的作用。豆浆里丰富的营养物质被产妇吸收之后，对其乳汁具有很好的补充营养的帮助。另外，对于

贫血的产妇来说，豆浆的调养作用比牛奶要强，产妇喝豆浆具有补血的效果。同时，豆浆中的大豆异黄酮、大豆蛋白质、卵磷脂等，是公认的天然雌激素补充剂，可预防危害女性健康的癌症，如子宫癌、乳腺癌等。

豆浆推荐饮用量

对于用母乳喂养孩子的产妇而言，其需要更多的蛋白质和其他热量来满足代谢率增加及身体其他的各种需求。所以，根据产妇的饮食要求和膳食指导，建议产妇维持孕晚期的豆浆饮用量，每人每天饮用量600~800毫升。

↘DIY 制作指导

桂圆山药豆浆

原料

桂圆20克，黄豆30克，山药20克。

制法

1 将黄豆浸泡后洗净备用。

2 将山药切成小块，桂圆去核，与黄豆一起放入豆浆机杯体中，加水至上、下水位线之间，接通电源，按下"全豆豆浆"键，大约二十分钟豆浆机发出蜂鸣后即可。

🍃 养生功效

桂圆含有多种营养物质，如葡萄糖、蔗糖和维生素A、B族维生素等，还含有较多的蛋白质、脂肪和多种矿物质。这些营养素对人体都是十分必需的。特别对于劳心之人、耗伤心脾气血者更为有效，还可用于产妇的身体调理。

红薯山药豆浆

原料

红薯丁、山药丁各15克，黄豆30克，大米、小米、燕麦片各10克。

制法

1 将黄豆预先泡好、洗净，大米、小米淘洗干净。

2 将红薯丁、山药丁、大米、小米、燕麦片与洗净的黄豆一起放入豆浆机杯体中，加水至上、下水位线之间，接通电源，按下"五谷豆浆"键，待熟豆浆制成即可。

🍃 养生功效

山药滋肾益精，健脾益胃；红薯补虚乏，益气力，健脾胃，强肾阴；小米健脾胃，补虚损，三者均适合产妇食用。同时，此款豆浆富含膳食纤维有利于预防便秘。

香甜营养豆浆

原 料

红豆10克，红枣5颗，湿黄豆50克。

制 法

1 将红豆预先泡好，红枣去核。

2 将称量好的原料加入豆浆机杯体中，加水到上、下水位线之间，接通电源，选择"五谷豆浆"键，十几分钟后豆浆就做好了。

❀ 养生功效

红枣中含有丰富的钙、铁，可以补充人体各种营养所需；红豆有利湿通乳的功效，所以适合夏天祛湿或产后通乳。

芝麻黑豆豆浆

原 料

黑芝麻10克，花生米10克，黑豆80克，水1200毫升。

制 法

1 将花生米与黑豆浸泡6～16小时备用。

2 将黑芝麻与浸泡过的花生米、黑豆一起放入豆浆机内，加入适量水，打碎煮熟，再用豆浆滤网过滤后即可食用。

❀ 养生功效

黑芝麻含有丰富的维生素E，不仅具有乌发、延缓衰老、润五脏的作用，还有减肥、治疗便秘、使皮肤保持光滑和细腻的功效。芝麻和黑豆制成的豆浆具有补肺益气、滋补肝肾、润肠通便、养血增乳的功效，非常适宜产妇饮用。

花生滋补豆浆

原 料

黄豆70克，花生米15克，水适量。

制 法

1 花生米洗净，于清水中浸泡1小时后剥去表皮；将黄豆浸泡于温水中6～8小时，泡至发软。

2 将泡好的黄豆与花生米一起放入豆浆机杯体中，加水至上、下水位线之间，接通电源，按下"五谷豆浆"键，待花生豆浆熟后即可。

❀ 养生功效

花生长于滋养补益，有助于延年益寿，所以民间又称其"长生果"，它和黄豆一样被誉为"植物肉"，"素中之荤"。花生中含有大量的蛋白质和脂肪，特别是不饱和脂肪酸的含量很高，营养价值比粮食类高，可与豆类、鸡蛋、牛奶、肉类等食物相媲美。花生滋补豆浆营养丰富，尤其是其富含蛋白质、脂肪，对病后体虚、术后患者恢复期以及孕期、产后妇女颇有裨益。

第五章

四季豆浆

——喝对豆浆才养生

四季豆浆

—— 喝对豆浆才养生

春季豆浆
夏季豆浆
秋季豆浆
冬季豆浆

春季豆浆

春季特点

俗话说"一年之际在于春"，春天的到来总是让人感到体力充沛。春天不仅给人们带来了希望，也为万物的复苏提供了有利的环境。从养生的角度来说，春天人体内的肝脏经脉都很活跃，新陈代谢也很旺盛，正是体质投资的大好季节。但是，春天也是细菌繁殖的大好时机，所以我们在享受春天的同时，也不要忽略了细菌的破坏性。

养生方案

由于春季人体的新陈代谢较为旺盛，所以，饮食应当以富含营养、清淡可口的食品为主，不要吃一些过于酸涩、油腻、生冷的食物，尤其要注意少吃一些辛辣的食物。对于男性来说，春天是不宜大补身体的季节，因为，人参之类的补品会助火生热，对调养身体十分不利。

春季比较适宜多吃一些含蛋白质、矿物质、维生素丰富的食品，特别是各种各样的绿色蔬菜，以及一些能滋阴养血的食物，如多选择豆类、胡萝卜、薏苡仁（薏米）、猪肝等对肝脏有益的食物，这些食物具有补血养肝的功效。此外，还应该注意不要过早地贪吃冷饮，这样会损伤脾胃。春天的空气清新，最有利于吐故纳新、充氧放氟。因此春天要多锻炼，以增强免疫力和抗病能力。

知识链接

解决春困的方法

1.早睡早起：时刻保持良好的精神状态，积极参加体育活动，改善全身的血液循环。

2.适当地接受刺激：使用一些清醒剂，如清凉油、风油精等。

3.按摩穴位：每天早晚按摩太阳、风池、内关等穴位3～5分钟，也可抵御春困。

此外，平时要注意多喝水，少吃油腻、热性食物。长期伏案工作的人要适当做做头部运动，以缓解颈部、腰椎部的疲劳。

↘ DIY 制作指导

小麦豆浆

原料

黄豆100克，小麦仁100克，水适量。

制法

1 将黄豆预先浸泡好。

2 将小麦仁和泡好的黄豆洗净，混合放入豆浆机中，加水至上、下水位线之间，接通电源，按下"五谷豆浆"键，待熟豆浆做好即可。

🌿 养生功效

　　小麦性凉，味甘，具有养心神、敛虚汗、生津止汗、养心益肾、镇静益气、除热止渴的功效，对心烦失眠者也有一定的辅助疗效。小麦豆浆消渴除热、益气宽中、养血安神，常饮可滋补壮体、降压降脂、维持人体正常生理功能。

黄米豆浆

用料

黄豆1/2量杯，黄米1/2量杯，水适量。

制法

1 将黄豆浸泡后洗净，黄米洗净。

2 将黄豆和黄米混合放入豆浆机杯体中，加水至上、下水位线之间，煮至豆浆机提示熟豆浆做好即可。

🌿 养生功效

　　黄米就是我们通常说的糜子米，其主要成分是粗脂肪、蛋白质、赖氨酸等，具有益脾健胃、滋补强体、补中益气、安神助眠等功效。由黄米和黄豆制成的豆浆能补肝肾、健脾胃、疗疮解毒，适用于体弱多病、面生痤疮者饮用，且具有安眠的作用。

麦枣豆浆

用料

黄豆2/3量杯，麦片2/3量杯，红枣10颗，冰糖适量。

制法

1 将黄豆浸泡6～16小时，红枣洗净去核。

2 将泡好洗净的黄豆、红枣与麦片一同放入豆浆机杯体中，加水至上、下水位线之间，煮熟稍凉后调入冰糖即成。

🌿 养生功效

　　红枣富含多种氨基酸、糖类、有机酸和维生素A、维生素B_2、维生素C等，特别是其维生素C的含量比柑橘高7～10倍，比梨高40倍，有"天然维生素丸"之称，具有益气补血、健脾和胃、祛风的作用。此款豆浆具有滋阴润肺、补脑强心、益气补血的功效。

小麦大米豆浆

用料

黄豆1/2量杯，小麦仁1/3量杯，大米1/3量杯。

制法

1 将黄豆预先浸泡好。

2 将小麦仁、大米和泡好的黄豆洗净，混合放入豆浆机杯体中，加水至上、下水位线之间，接通电源，按下"五谷豆浆"键，十几分钟后豆浆即成。

🌿 养生功效

　　此款豆浆具有养心安神、止汗、治脚气、美容、抗衰老的功效。

夏季豆浆

夏季特点

夏季，人体阳气旺盛，宣发于外，气机宣畅，通泄自如，精神饱满，情绪外向，是人体新陈代谢最旺盛的时期。但夏季天气燥热容易使人心生烦躁，身体经常流失水分，容易出现心烦、口渴、上火的感觉。于是，解暑、降温便成为人们的首要工作：有人利用冰块降温，有人利用冰激凌降温，有人利用冲冷水澡降温，有人利用空调或电风扇降温等。总之，只要是能降温的方法，人们大多都利用上了。在这些方法中，人们常常忽略了豆浆降温这个方法。

养生方案

医生提醒人们，在夏天暑热的时节，不要为图一时痛快，利用冷饮、冷浴降低体表温度，这样对身体没有好处，长期如此还会引发各种疾病。

炎炎夏日里的饮食应以清淡质软、易于消化为主，少吃煎炸油腻、辛辣食品。清淡的饮食不仅能清热、防暑、敛汗、补液，还能增进食欲。多吃新鲜的蔬菜瓜果，如冬瓜、苦瓜、西瓜、黄瓜等，既可满足人体所需营养，又可预防中暑。吃冷饮要适度，不可过多吃寒凉食物，否则会伤阳损身。

知识链接

如何预防中暑

1. 出行躲避烈日。夏日出门记得要备好防晒用具,最好不要在10时至16时的烈日下行走。

2. 准备充足的水。不要等口渴了才喝水,因为口渴表示身体已经缺水了。最理想的喝水方式是根据气温的高低,每天喝1.5~2升水。出汗较多时可适当补充一些淡盐水。

3. 穿浅色衣服。外出时的衣服尽量选用棉、麻、丝类的织物,应少穿化纤类服装,以免大量出汗时不能及时散热,引起中暑。

4. 保持充足睡眠。合理安排作息时间,可使大脑和身体各系统都得到放松,既利于工作和学习,也是预防中暑的良方。

→DIY 制作指导

绿桑百合饮

原料

黄豆50克，绿豆30克，桑叶2克，百合干10克。

制法

1. 将黄豆、绿豆、百合干预先浸泡好；将百合干切成小块，并与黄豆、绿豆、桑叶一起洗净。
2. 将四种原料混合放入豆浆机杯体中，加水至上、下水位线之间，按下"全豆豆浆"键，几分钟后，待豆浆熟后即可。

🌿 养生功效

桑叶能疏散风热、解表清热、养阴生津，不仅可用于风热引起的目赤羞明，且可清肝火；绿豆的营养价值也很高，具有降压、保肝、清热解毒、消渴止暑的功效；百合干性微寒，味甘，主入肺心，有润肺、止咳、清热、解毒、理脾健胃、利湿消积、宁心安神、促进血液循环等功效。因此，绿桑百合饮具有很好的清热凉血、润肺止咳、清心安神的作用。在夏天常喝此饮，对预防中暑有较好的作用。

绿茶消暑豆浆

原料

黄豆45克，大米60克，绿茶8克。

制法

1. 预先将黄豆浸泡6～8小时，大米洗净。
2. 将泡好的黄豆、大米以及绿茶一起放入豆浆机的杯体内，加水至上、下水位线之间，接通电源，待熟豆浆制成即可。

🌿 养生功效

绿茶含有与人体健康相关的生化成分，具有提神、清热解暑、消食化痰、去腻减肥、清心除烦、解毒醒酒、生津止渴、降火明目的作用。绿茶消暑豆浆是一款很好的解暑饮品。

知识链接

女性经期慎饮绿茶

有研究称，除了人体正常的铁流失外，女性每次月经期还要额外损失18～21毫克的铁。如果女性在月经期间喝绿茶，绿茶中较多的鞣酸成分会与食物中的铁分子结合，形成大量沉淀物，妨碍肠道黏膜对铁分子的吸收，绿茶越浓，对铁吸收的阻碍作用就越大。所以，女性在经期应慎饮绿茶。

五色消暑饮

原料

绿豆30克，红豆30克，黄豆30克，燕麦片10克，黑米10克。

制法

1 将绿豆、红豆和黄豆预先浸泡6~8小时后洗净。

2 将黑米洗净，与绿豆、红豆、黄豆混合放入豆浆机杯体内，再放入燕麦片，加水至上、下水位线之间，接通电源，十几分钟后豆浆就制成了。

❤ 养生功效

此饮清热生津解暑。中医认为，黑米有显著的药用价值，对头昏目眩、贫血白发、腰膝酸软、夜盲耳鸣等有很好的作用，长期食用可延年益寿，特别适于孕妇、产妇用来补血。现代医学证实，黑米具有滋阴补肾、健脾暖肝、补益脾胃、益气活血、养肝明目等疗效。经常食用黑米，有利于防治头昏、目眩、贫血、白发、眼疾、腰膝酸软、肺燥咳嗽、大便秘结、小便不利、肾虚水肿、食欲不振、脾胃虚弱等症。

知识链接

如何挑选黑米

黑米的锌、铜、锰等矿物质含量比普通大米高，并且含有大米所缺乏的维生素C、叶绿素、花青素、胡萝卜素等成分。所以，它比普通大米更有营养。

下面介绍几种挑选黑米的方法：

1. 看：正宗黑米只是表面米皮为黑色，剥去米皮，米心是白色，米粒颜色有深有浅，而染色黑米颜色基本一致。

2. 闻：正宗黑米用温水泡后有天然米香，染色米无米香、有异味。

3. 摸：正宗黑米是糙米，米上有米沟。

4. 搓：正宗黑米不掉色，水洗时才掉色，而染色黑米一般手搓会掉色。

百合莲子绿豆豆浆

原料

绿豆1/2量杯，百合1/3量杯，莲子10颗。

制法

1 将绿豆预先浸泡好，百合和莲子用热水浸泡至发软。

2 将百合、莲子和泡好的绿豆洗净，混合放入豆浆机杯体中，加水至上、下水位线之间，接通电源，按下"五谷豆浆"键，十几分钟后豆浆即可做成。

养生功效

莲子中钙、磷和钾含量非常丰富，具有补脾止泻、益肾涩精、养心安神的功用，莲子还能帮助人体进行蛋白质、脂肪、糖类代谢。此外，莲子还拥有显著的强心作用，它能扩张外周血管、降低血压，具有较强的祛心火功效。莲子结合百合与绿豆制成的豆浆，具有健脾益气、润肺止咳、清心安神、益肾固精的功效。

知识链接

莲子的保存

莲子最忌受潮受热，受潮容易虫蛀，受热则莲子心的苦味会渗入莲肉。因此，莲子应存放于干爽处。莲子一旦受潮生虫，应立即日晒或火焙，晒后需摊晾两天，待热气散尽凉透后再收藏。晒焙过的莲子的色泽和肉质都会受影响，煮后风味大减，同时药效也会受一定影响。

小米豆浆

原料

黄豆1/2量杯，小米1/3量杯。

制法

1 将黄豆预先浸泡好。

2 将小米和泡好的黄豆洗净，混合放入豆浆机杯体中，加水至上、下水位线之间，接通电源，按下"五谷豆浆"键，十几分钟后豆浆就做好了。

养生功效

实验证实，小米富含维生素B_1、维生素B_{12}等，不仅具有防止消化不良、反胃、呕吐的功效，还具有滋阴养血的功能，可以使产妇虚寒的体质得到调养，帮助她们恢复体力。同时，小米还具有减轻皱纹、色斑、色素沉着的功效，适宜老人、病人、产妇食用。但气滞者忌用小米，虚寒体质、小便清长者也应少吃。经常饮用小米豆浆，可健脾和胃、补虚养血。

红豆小米豆浆

原 料

黄豆1/3量杯，红豆1/3量杯，小米1/3量杯。

制 法

1 将黄豆、红豆浸泡后洗净。

2 将黄豆、红豆与洗净的小米混合放入豆浆机杯体中，加水至上、下水位线之间，接通电源，煮十几分钟后豆浆即成。

养生功效

红豆富含蛋白质、脂肪、碳水化合物、粗纤维以及矿物质元素钙、铁、磷等，具有止泻、滋补强壮、健脾养胃、利尿、抗菌消炎、解除毒素等作用。红豆小米豆浆具有清热利湿、退黄、散血消肿、解毒排脓、通乳、补血的功效。

大米小米豆浆

原 料

黄豆1/2量杯，大米1/3量杯，小米1/3量杯。

制 法

1 将黄豆预先浸泡6～9小时后洗净。

2 将黄豆与洗净的大米、小米混合放入豆浆机杯体中，加水至上、下水位线之间，接通电源，煮十几分钟后豆浆即成。

养生功效

此豆浆具有补中益气、止泄痢、壮筋骨、补肠胃、利小便、止烦渴、祛胃脾中热的功效，尤其适宜素体亏虚、病后体虚、产后气血虚弱者饮用。

小米绿豆豆浆

原料

绿豆1/3量杯，小米1/3量杯，葡萄干20粒左右。

做法

1 将绿豆预先浸泡好。

2 将小米、葡萄干和泡好的绿豆洗净，混合放入豆浆机杯体中，加水至上、下水位线之间，接通电源，按下"五谷豆浆"键，十几分钟后即做好小米绿豆豆浆。

养生功效

葡萄干可补肝肾、益气血、生津液、利小便，含有多种矿物质和维生素、氨基酸，常食葡萄干对神经衰弱和过度疲劳者有补益作用。小米绿豆豆浆具有健脾胃、清虚热、解毒的功效。

高粱豆浆

原料

黄豆1/2量杯，高粱米1/2量杯。

做法

1 将黄豆、高粱米预先浸泡好。

2 将泡好的黄豆、高粱米洗净，混合放入豆浆机杯体中，加水至上、下水位线之间，接通电源，按下"五谷豆浆"键，十几分钟后即做好高粱豆浆。

养生功效

高粱中含有丰富的碳水化合物、钙、蛋白质、脂肪、磷、铁等（高粱中赖氨酸和单宁含量比较低），具有凉血、解毒、和胃、健脾、止泻的功效，可用来防治消化不良、积食和小便不利等多种疾病。常饮高粱豆浆，具有益脾温中的作用。

高粱小米豆浆

原 料

黄豆1/2量杯，高粱米1/5量杯，小米1/5量杯。

制 法

1 将黄豆和高粱米预先浸泡好。

2 将小米和泡好的黄豆、高粱米洗净，混合放入豆浆机杯体中，加水至上、下水位线之间，接通电源，按下"五谷豆浆"键，经十几分钟豆浆就可做好。

🍃 **养生功效**

　　高粱有一定的药效，具有和胃、健脾、消积、温中、涩肠胃、止霍乱的功效。常饮此豆浆能很好地起到健脾止泻的功效，还能提高睡眠质量、辅助治疗脾胃失调引起的失眠。

清凉消暑豆浆

原 料

黄豆20克，绿豆30克，大米20克，白糖适量。

制 法

1 将绿豆、黄豆预先浸泡好。

2 将大米和泡好的绿豆、黄豆洗净，混合放入豆浆机杯体中，加水至上、下水位线之间，接通电源，按下"五谷豆浆"键，十几分钟后即可做好清凉消暑豆浆。

3 喜甜者可在豆浆制作好后趁热调入白糖，也可用冰糖。

🍃 **养生功效**

　　此豆浆具有消暑止渴、清热败火功效，是补充营养和消暑的佳品。

秋季豆浆

秋季特点

秋季气温开始降低，雨量减少，空气湿度相对降低，气候偏干燥。秋季干燥的气候极易伤损肺阴，容易使人口干咽燥、干咳少痰、皮肤干燥、便秘，甚至还会咳中带血，所以秋季养生要防燥。

此外，秋季在燥气中还暗含秋凉。人们经夏季过多的发泄之后，机体各组织系统均处于水分相对贫乏的状态，如果这时再受风着凉，极易引发头痛、鼻塞、胃痛、关节痛等一系列症状，甚至使旧病复发或诱发新病。老年人和体质较弱者对这种变化适应性和耐受力较差，更应注意预防着凉。

养生方案

医学专家认为，入秋以后，人们应及时调整生活习惯，合理安排饮食，随着气温的变化要适当地增减衣服，避免天气变化对人体健康造成影响。从养生方面来说，秋季是丰收的季节，也是补养身体的最佳时节。秋季饮食宜清淡，少食煎炒之物，多选择一些能滋阴润肺的食物，如南瓜、黑豆、梨、核桃等，适当地增加一些诸如人参、黄芪、杏仁、麦冬、百合之类的补品，或用它们做成汤饮、豆浆，加强肺部功能的给养。秋季做好保健，强化免疫系统，就等于为迎接冬天打下一个健康的基础。

秋季虽是进补的季节，但是不能猛吃大鱼大肉，瓜果也不能过食，以免伤及肠胃。另外，要特别注意饮食清洁卫生，保护脾胃，多进温食，节制冷食、冷饮，以免引发肠炎、痢疾等疾病。

知识链接

吃秋梨解秋燥

号称"百果之宗"的梨对秋燥症有很独特的功效。梨不仅生津止渴，润燥化痰，润肠通便，还有清热、镇静神经的作用。研究表明，干燥的秋季容易使人产生焦躁感，人的情绪容易陷入低潮。专家建议：应及时调节不良心态，注意秋季保健。

↘DIY 制作指导

玉米豆浆

原 料

黄豆1/2量杯，玉米糁1/2量杯。

制 法

1 将黄豆预先浸泡好。

2 将玉米糁和泡好的黄豆洗净，混合放入豆浆机杯体中，加水至上、下水位线之间，接通电源，按下"五谷豆浆"键，十几分钟即可做好玉米豆浆。

🍃 养生功效

玉米富含糖类、蛋白质、胡萝卜素以及磷、镁、钾、锌等矿物质，具有健脾益气、祛脂降压的功效，还可以防止致癌物质在体内的形成。秋天经常饮用玉米豆浆具有很好的保健作用。

枸杞子小米豆浆

原 料

黄豆1/2量杯，小米1/3量杯，枸杞子20粒。

制 法

1 将黄豆预先浸泡好。

2 将小米、枸杞子和泡好的黄豆洗净，混合放入豆浆机杯体中，加水至上、下水位线之间，接通电源，按下"五谷豆浆"键，十几分钟即可做好枸杞子小米豆浆。

🍃 养生功效

枸杞子能抗衰老、抗突变、抗肿瘤、抗脂肪肝及降血糖等。中医常用它来治疗肝肾阴亏、腰膝酸软、头晕、健忘、目眩、消渴等病症。常饮枸杞子小米豆浆能滋补肝肾、生精养血、明目安神。

燕麦小米豆浆

原料

黄豆1/3量杯，小米1/5量杯，燕麦1/3量杯。

制法

1 将黄豆预先浸泡好。

2 将小米、燕麦和泡好的黄豆洗净，混合放入豆浆机杯体中，加水至上、下水位线之间，接通电源，按下"五谷豆浆"键，十几分钟做好燕麦小米豆浆。

🍃 养生功效

据营养学家分析，燕麦中蛋白质、脂肪的含量非常高，且含有人体必需的8种氨基酸和维生素，具有降血糖、降血脂、降血压、改善便秘以及减肥的保健功效。燕麦对于现在常常处于紧张状态的现代上班族来说，是一种兼顾营养又不至于发胖的健康食品。特别适宜产妇、婴幼儿、老年人、慢性病患者、脂肪肝、糖尿病、水肿、习惯性便秘者食用。常饮燕麦小米豆浆具有降脂抗衰老的功效。

荞麦豆浆

原料

黄豆1/2量杯，荞麦1/2量杯。

做法

1 将黄豆预先浸泡好。

2 将荞麦和泡好的黄豆洗净，混合放入豆浆机杯体中，加水至上、下水位线之间，接通电源，按下"五谷豆浆"键，十几分钟做好荞麦豆浆。

🍃 养生功效

荞麦中含有大量的镁，镁不但能抑制癌症的发展，还可帮助血管舒张，维持心肌正常功能，加强肠道蠕动，增加胆汁，促进机体排除废物；荞麦中的大量纤维能刺激肠蠕动增加，加速粪便排泄，降低肠道内致癌物质的浓度，从而减少结肠癌和直肠癌的发病率；荞麦中含有丰富的蛋白质、维生素，故有降血脂、保护视力、软化血管、降低血糖的功效；荞麦可杀菌消炎，有"消炎粮食"的美称。常饮荞麦豆浆能消渴除热、益气宽中、养血安神。

荞麦大米豆浆

原料

黄豆1/2量杯，荞麦1/5量杯，大米1/5量杯。

制法

1 将黄豆预先浸泡好。

2 将大米、荞麦和泡好的黄豆洗净，混合放入豆浆机杯体中，加水至上、下水位线之间，接通电源，按下"五谷豆浆"键，十几分钟即可做好荞麦大米豆浆。

🌿 养生功效

此款豆浆可有效降低人体血脂和胆固醇，软化血管，保护视力，预防脑出血。

温馨提示

脾胃虚寒、消化功能不佳、经常腹泻的人不宜饮此豆浆。

绿豆莲子饮

原料

绿豆30克，百合干10克，黄豆50克，莲子5颗。

制法

1 将绿豆、百合干、黄豆、莲子预先泡好。

2 将泡好的上述材料洗净，混合放入豆浆机的杯体内，加水至上、下水位线之间，接通电源，待豆浆熟后即可。

🌿 养生功效

据营养专家分析，百合含有淀粉、蛋白质、脂肪及钙、磷、铁、维生素C等营养素，还含有一些特殊的营养成分，如秋水仙碱等多种生物碱。这些成分综合作用于人体，不仅具有良好的营养滋补之效，还对秋季气候干燥引起的多种季节性疾病有一定的防治作用。绿豆莲子饮具有润肺止咳、健脾益气、清热利尿的功效。

冬季豆浆

冬季特点

入冬以后，天气骤然变冷，自然界的万物都进入了闭藏的季节，人体也不例外。寒气凝滞收引，易导致人体气机、血运不畅，使许多旧病复发或加重。特别是那些严重威胁生命的疾病，如中风、脑出血、心肌梗死等，不仅发病率明显增高，而且死亡率亦急剧上升。此外，冬季人体阳气收藏，气血趋向于里，皮肤致密，水湿不易从体表外泄，而经肾、膀胱的汽化，少部分变为津液散布周身，大部分化为水，下注膀胱成为尿液，无形中就加重了肾脏的负担，易导致肾炎、遗尿、尿失禁、水肿等疾病。

按照中医的说法，冬天人体内阳气潜藏，滋补时应以敛阴护阳为主。从养生的角度来说，冬至过后，阳气回升、阴气消退，此时是大补的好时机。不管采取什么方式滋补，都能达到强身健体的作用。寒冷的冬季，如果每日都能喝上一杯营养丰富、热气腾腾的豆浆，不但能驱寒暖身，强身健体，更能让奔波劳碌的人们体会到家的温暖。

养生方案

　　冬季温度比较低，人体热量容易散失，此时需要补充的营养成分比较多。但进补时还应遵循"秋冬养阴"、"养肾防寒"、"元忧平阳"的原则，以滋阴潜阳、增加热量为主。营养专家认为，冬季不要大补，尤其是身体虚弱的人和患者，在进补时要听从医生的建议。

知识链接

冬保三暖

　　1. 头暖。头部暴露受寒冷刺激，血管会收缩，头部肌肉会紧张，易引起头痛、感冒，甚至会造成胃肠不适等。

　　2. 背暖。寒冷的刺激可通过背部的穴位影响局部肌肉或传入内脏，危害健康。除引起腰酸背痛外，背部受凉还可通过颈椎、腰椎影响上下肢肌肉及关节、内脏，促发各种不适。

　　3. 脚暖。脚部一旦受寒，可反射性地引起上呼吸道黏膜内的毛细血管收缩，纤毛摆动减慢，抵抗力下降，病毒、细菌乘虚而入，大量繁殖，使人不适。

↘DIY 制作指导

黑芝麻豆浆

原 料

黄豆70克，芝麻10克，水1 500毫升。

制 法

1　黄豆浸泡后洗净，黑芝麻用水清洗。

2　将黄豆和黑芝麻放入锅中炒一会儿，但记住不要炒糊。

3　把上述处理好的原料放入豆浆机中，倒入适量的水，接通电源，20分钟后即可饮用。

养生功效

黑芝麻含有大量的脂肪和蛋白质，还有糖类、维生素A、维生素E、卵磷脂、钙、铁、铬等营养成分。中医中药理论认为，黑芝麻具有补肝肾、润五脏、益气力、长肌肉、填脑髓的作用，可用于治疗肝肾精血不足所致的眩晕、须发早白、脱发、腰膝酸软、步履艰难、五脏虚损、皮燥发枯、肠燥便秘等病症。因此，常饮黑芝麻豆浆能补肾填精、健脑益智。

黑豆黄豆芝麻豆浆

原 料

黑豆1/2量杯，黑芝麻1/5量杯，黄豆1/2量杯。

制 法

1　将黄豆和黑豆预先浸泡好。

2　将黑芝麻和泡好的黄豆、黑豆洗净，混合放入豆浆机杯体中，加水至上、下水位线间，接通电源，按"五谷豆浆"键，十几分钟便可做好黑豆芝麻豆浆。

养生功效

此豆浆具有滋补肝肾、利水下气的功效。

> **温馨提示**
>
> 黑芝麻在炒的时候，因为表面是黑的，所以不太容易从表面看出来是否炒熟。这时可以用手捏一粒芝麻，轻轻能捏开，并且凑近能闻到香味就表示熟了。

第六章

美味料理

—— 滋味无穷的豆浆佳肴

美味料理

——滋味无穷的豆浆佳肴

豆浆火锅
蔬菜豆浆煎饼
豆浆豆腐锅
山药豆浆煲
海贝豆浆粥
豆浆鸡块酒煲
豆浆炖羊肉
红糖姜汁豆浆羹
豆浆咸粥
豆浆莴苣汤
豆浆拉面
豆浆红斑鱼
豆浆海鲜汤
豆浆芝麻糊
南瓜豆浆浓汤
豆浆什锦饭
豆浆芒果肉蛋汤
凉拌鸡肉生参
素鸽蛋
豆浆西红柿菜花
豆浆鲫鱼汤
豆浆冷面
豆浆奶酪
豆浆意大利面
豆浆鸡蛋羹

豆浆火锅

原料

豆浆400毫升，金针菇、小豆苗、豌豆荚、胡萝卜片、番茄片、黄豆芽、油豆腐各适量，盐小半匙，素高汤粉一大匙。

做法

1 准备一个小汤锅，倒入豆浆及200毫升的水，混合后煮沸。

2 把所有材料清理干净，加入煮滚的豆浆里，煮熟后加入盐调味即可。

🌿 养生功效

豆浆如果太浓稠会很容易烧糊，所以在烹饪时要经常晃动锅底的材料。

蔬菜豆浆煎饼

原料

豆浆、青菜、鸡蛋、洋葱、火腿、蔬菜粒、面粉、盐、胡椒粉、椒盐、味精各适量。

做法

1 蔬菜粒用热水烫好。

2 洋葱、火腿、青菜分别切末待用；鸡蛋打碎，加入面粉混合。

3 慢慢加入温豆浆，然后加入盐、胡椒粉、椒盐和味精拌匀。

4 平底锅内放油，用小火将拌好的材料煎至两面金黄即可。

豆浆豆腐锅

原料

豆浆300毫升，豆腐200克，冰糖10克，橘皮5克，盐2克。

做法

1 先将豆腐切成块状，橘皮切成细丝。

2 再将豆浆放在锅内煮，热后放入豆腐、冰糖和盐。

3 待水烧开、冰糖融化后，放入橘皮丝搅匀即可。

🌿 养生功效

香醇的豆浆和滑嫩的豆腐，不仅爽口开胃，还能嫩白肌肤。

山药豆浆煲

原料

原味豆浆800毫升，鲜山药300克，鸡腿2只，枸杞子20克，蒜末、酱油、白糖、米酒、生粉、油、盐、鸡粉、白胡椒粉各适量。

做法

1 鸡腿剔去骨，切成块状，加入1/2汤匙酱油、1/3汤匙白糖、1汤匙米酒和1/2汤匙生粉拌匀，腌制20分钟。

2 鲜山药去皮，切成滚刀块，放入清水中浸泡待用；枸杞子用清水泡软。

3 烧热2汤匙油，爆香蒜末，倒入鸡腿块炒至肉色变白，盛起待用。

4 取一沙锅，放入鲜山药块、枸杞子及原味豆浆，以中小火煮至沸腾。

5 倒入鸡腿块，与锅内食材一同搅匀，以中小火续煮10分钟。

6 加入1/2汤匙盐、1/3汤匙鸡粉和1/5汤匙白胡椒粉调味，即可出锅。

养生功效

常食山药豆浆既可以让人皮肤白皙润泽，还有益气补脾等滋补食疗作用。

海贝豆浆粥

原料

白米饭160克，豆浆2杯，海贝罐头1罐，枸杞子适量。

做法

1 将枸杞子泡软。

2 将白米饭、豆浆、海贝罐头的汁液以大火煮至沸腾，改小火继续煮15分钟。

3 将泡软的枸杞子与海贝肉放在煮好的粥上即可食用。

养生功效

海贝中含有丰富的蛋白质、钙、铁以及铬、钴、铜、碘、硒、硫等微量矿物质元素。

豆浆鸡块酒煲

原料

豆浆300毫升，鸡800克，香菜25克，花雕酒200毫升，植物油60毫升，白糖、盐、味精、香油、淀粉、料酒、大葱、姜各适量。

做 法

1. 将鸡洗净后去头去脚，投入沸水锅中浸烫片刻后捞出，用冷水冲洗干净，沥干水分。
2. 鸡肚内灌入花雕酒后倒出，再灌入再倒出，共3次；随后将鸡切成块，放在容器中，加入豆浆、白糖、味精、猪油和香油拌匀。
3. 煲置火上，放植物油烧热，将大葱、姜末爆出香味，加入鸡块、料酒、鸡汤和盐，加盖焖烧至鸡块酥烂，用淀粉勾薄芡，撒入香菜末，淋上香油，加盖烧沸即成。

养生功效

鸡肉肉质细嫩，味道鲜美，并富有营养，有滋补养身的作用。鸡肉中蛋白质的含量较高，而且消化率高，很容易被人体吸收利用，有增强体力、强壮身体的作用。鸡肉含有对人体生长发育有重要作用的磷脂类，是中国人膳食结构中脂肪和磷脂的重要来源之一。鸡肉对营养不良、畏寒怕冷、乏力疲劳、月经不调、贫血、体质虚弱等有很好的食疗作用。祖国传统医学认为，鸡肉有温中益气、补虚填精、健脾胃、活血脉、强筋骨的功效。因此豆浆鸡块酒煲有补虚养身之功效。

豆浆炖羊肉

原料

羊肉500克，豆浆500毫升，鲜山药150克，植物油、盐、姜各适量。

做 法

1. 羊肉洗净沥干，切4厘米见方块。
2. 姜块切片，鲜山药洗净后切2厘米段。
3. 将豆浆注入炖锅内加热，将开时加入熟植物油、羊肉块、山药段、姜片。
4. 炖至羊肉熟烂即可。

养生功效

羊肉鲜嫩，营养价值高，对肺结核、气管炎、哮喘、贫血、产后气血两虚、腹部冷痛、体虚畏寒、营养不良、腰膝酸软、阳痿早泄以及一切虚寒病症均有很大裨益，且具有补肾壮阳、补虚温中等作用，适合男士经常食用。豆浆炖羊肉能壮腰健肾、调理肢寒畏冷等症状。

冰糖姜汁豆浆羹

原料

原味豆浆200毫升，蜂蜜一大匙，姜3片，鸡蛋1个，盐、冰糖各适量。

做法

1 鸡蛋敲开，只取蛋清放入碗中，将蛋清、盐、蜂蜜一起打匀，直到出现浮沫。

2 豆浆慢慢倒入打匀的蛋液中，用保鲜膜封住碗口。

3 蒸锅内加水后盖好锅盖，用大火煮沸，直到蒸锅冒出蒸汽时，将用保鲜膜封好的碗放入锅中，盖上锅盖，改中火蒸20分钟即可，这时豆浆就变成了凝固状态的豆浆羹。

4 姜片切碎后加一点水，挤一下姜末就得到了姜汁。

5 在姜汁中放入冰糖，用中火加热到冰糖融化，再转小火煮到姜汁略浓稠即可。

6 最后，揭开保鲜膜，把姜汁水淋到豆浆羹上就可以了。

🌿 养生功效

生姜具有解毒杀菌的作用；生姜中的姜辣素能抗衰老，老年人常吃生姜可除"老年斑"；生姜中的提取物能刺激胃黏膜，引起血管运动中枢及交感神经的反射性兴奋，促进血液循环，强壮胃功能，达到健胃、止痛、发汗、解热的作用；生姜的挥发油能增强胃液的分泌和肠壁的蠕动，从而帮助消化；生姜还有抑制癌细胞活性的作用。冰糖姜汁豆浆羹适合帮助妇女产后恢复。

豆浆咸粥

原料

原味豆浆1000毫升，三宝燕麦100克，瘦肉70克，香菇10克，胡萝卜30克，白果20克，盐、香菇精、芹菜末各少许。

做法

1 瘦肉切丁洗净，放入沸水中汆烫，备用。

2 香菇泡软切丁，胡萝卜切丁备用。

3 置锅火上，放入处理好的瘦肉及三宝燕麦，煮滚后转小火拌煮约40分钟，放入香菇丁、萝卜丁、白果。

4 再倒入原味豆浆，续煮约15分钟，最后加入调味料拌匀，煮至入味即可，食用前撒上芹菜末。

🌿 养生功效

此粥咸香可口，营养丰富。

豆浆莴苣汤

原 料

莴苣300克，豆浆750克，盐、味精、植物油、葱、姜各适量。

做 法

1. 将莴苣去皮，切成长7厘米、筷子头粗的条，洗净。
2. 姜切片、葱切段待用。
3. 锅置火上，下植物油烧热至六成热。
4. 下姜、葱稍炸出香味，再下莴苣条加盐炒至断生。
5. 拣去姜、葱，冲入豆浆烧开后加味精调味即可。

🌿 养生功效

此汤制法独特，色泽洁白，味道鲜美，能祛火除热。

豆浆拉面

原 料

原味豆浆400毫升，高汤200毫升，拉面300克，豆芽菜30克，海带芽10克，玉米粒40克，叉烧肉片4片，卤蛋1/2只，葱花10克，盐3克，鸡粉3克。

做 法

1. 取一锅，将原味豆浆、高汤混合煮滚，再加入调味料拌匀，备用。
2. 另取一锅加入约半锅的水煮滚后，放入海带芽、豆芽菜汆烫后捞出，备用。
3. 取一锅注适量清水，水沸后放入拉面，煮约2分钟至面软，备用。
4. 取一大碗，盛入煮软的拉面，再加入海带芽、豆芽菜，续放入玉米粒、叉烧肉片、卤蛋，最后倒入盛有豆浆高汤的锅中，并撒上葱花即可。

🌿 养生功效

醇香的豆浆配合丰富的蔬菜和筋道的拉面，能让人胃口大开。

豆浆红斑鱼

原料

红斑鱼750克，鸡蛋清半个，淡豆浆200毫升，盐6克，红油25克，生粉1克，葱丝2克，姜丝2克。

做法

1. 红斑鱼洗净，去头、尾及鱼骨，斜切成薄片装入容器，加盐、半个鸡蛋清上浆待用。

2. 锅中放水烧至80℃，将鱼片氽水变色后出锅装盘。

3. 然后再将鱼头、鱼尾放入水中煮两分钟至熟，放在盘中摆成鱼形。

4. 锅中放豆浆和盐烧沸，放生粉勾芡，倒入装有成型鱼的盘中，上面放葱丝、姜丝，再淋上红油即可。

养生功效

此菜色泽红亮，口感鲜嫩，营养丰富。

豆浆海鲜汤

原料

黄豆浆750毫升，浓缩鸡汁5汤匙，基围虾8只，小鱼饼、虾肉条和蟹柳条250克，西兰花20克，胡萝卜20克，盐6克，葱丝2克，姜丝2克。

做法

1. 将虾肉条和蟹柳条切成段，胡萝卜、西兰花洗净切好。

2. 基围虾洗净，在虾背上划一刀，用牙签挑去虾肠。

3. 5汤匙浓缩鸡汁加适量水调成250毫升的鸡汤备用。

4. 倒豆浆和鸡汤进锅，放入姜丝和葱丝，用中火煮开；撒盐入锅，放入胡萝卜、西兰花，中火煮两分钟，再放入小鱼饼、虾肉条和蟹柳条，转小火煮10分钟。

5. 最后，放入基围虾小火煮1分钟即可装盘。

养生功效

豆浆富含植物性蛋白质和卵磷脂等营养成分，此菜不仅热量低，且营养均衡，还能帮助加速代谢，减少水肿现象。

豆浆芝麻糊

原料

豆浆300毫升，黑芝麻30克，蜂蜜100毫升。

做法

1 将黑芝麻炒香，研碎备用。

2 将豆浆、蜂蜜、黑芝麻末一同放入锅内，边加热加搅拌，煮沸一会儿即可。

🌿 养生功效

本品具有养肾之功效，适于肝肾阳虚型白内障患者服用。

温馨提示

蜂蜜的营养成分比较复杂，蜂蜜中的有机酸、酶类遇上葱中的含硫氨基酸等，会发生有害的生化反应，或产生有毒物质，刺激肠胃导致腹泻。

南瓜豆浆浓汤

原料

豆浆250毫升，南瓜250克，百合干30克，蜂蜜15毫升。

做法

1 将南瓜去皮、子，切成块。

2 百合干浸泡1夜后洗净。

3 汤锅上火，倒入500毫升清水，放入南瓜和百合。

4 大火烧开后转小火炖至南瓜熟软，倒入豆浆。

5 煮沸后调入少许蜂蜜即成。

🌿 养生功效

此汤能促进胃肠蠕动，强健脾胃，帮助消化，改善食欲不振、消化不良、便秘等症。

豆浆什锦饭

原料

豆浆200毫升，糯米100克，葡萄干30克，花生仁、桂圆肉、红枣、莲子、核桃仁各25克。

做法

1 糯米淘洗干净，用清水浸泡2小时；莲子用清水泡软，洗净；花生仁洗净；红枣洗净，去核；核桃仁掰成小块；葡萄干洗净。

2 将所有食材一同倒入电饭锅中，加入豆浆和适量清水，盖上锅盖，蒸至电饭锅提示米饭蒸好，盖上锅盖再焖10分钟即可。

养生功效

　　本品补血强体、健脑益智，可用于贫血、神经衰弱、营养不良性水肿等病症。

豆浆芒果肉蛋汤

原料

豆浆100毫升，芒果和鸡蛋各1个，虾仁、鸡胸脯肉各75克，鲜汤600毫升，盐2克，鸡精、胡椒粉各1克，葱末、水淀粉各少许。

做法

1 芒果洗净，去皮和核，切小丁；鸡蛋磕入碗内，打散；虾仁、鸡胸脯肉洗净，剁成鸡肉蓉。

2 锅置火上，倒油烧至七成熟，炒香葱末，倒入豆浆烧沸，加入虾仁蓉、鸡肉蓉和芒果丁，倒入鲜汤烧沸，淋入蛋液搅成蛋花，调入胡椒粉、盐和鸡精，用水淀粉勾芡即可。

凉拌鸡肉水参

原料

野鸡肉500克，香叶5克，水参15克，黄瓜50克，豆浆150毫升，生姜、盐、香油、胡椒粉、大蒜各适量。

做法

1. 锅中加水烧开，野鸡肉连同生姜、大蒜、香叶一起放入锅中，中火炖煮1小时。

2. 捞出野鸡肉，撕成细丝，加入盐、香油、胡椒粉拌匀，腌渍入味。

3. 鸡汤去除杂质和浮油，过滤澄清，放凉备用。

4. 水参洗净，切去头部，再斜切成薄片。

5. 黄瓜洗净后切成细丝。

6. 鸡汤和豆浆混合后，加盐调味。

7. 将鸡丝、参片、黄瓜丝全摆入盘中，慢慢淋入冷却的豆浆鸡汤即可。

素鸽蛋

原料

豆浆400毫升，胡萝卜200克，油菜心200克，冬笋100克，香菇100克，淀粉400克，味精、盐、花生油各适量。

做法

1. 把胡萝卜洗净煮熟去皮，用刀背砸成泥，放入碗中，加少许盐、味精拌匀，做成小丸子40个，当做"鸽蛋黄"用。

2. 把干淀粉放入碗中，加清水拌匀，倒入微沸的豆浆中，搅成豆浆糊，趁热倒入鸽蛋模具中，模内壁抹上花生油，中心放入"鸽蛋黄"，然后合龙模具；共做40个，放在冷水中冷却后取出，去模具即成素鸽蛋。

3. 冬笋洗净切片，备用。

4. 将15克干淀粉调制成30克湿淀粉备用。

5. 炒勺置旺火上，下适量花生油，放入油菜心煸炒至翠绿色时再放入香菇、冬笋片，加入清水烧沸，再加味精、盐，放入素鸽蛋。

6. 烧沸后用湿淀粉调稀勾芡，起勺盛盘即成。

豆浆西红柿菜花

原料

菜花半棵，西红柿1个，原味豆浆100毫升，盐适量，橄榄油50克。

🍃 养生功效

此菜有抗衰老作用，西红柿和菜花都具有防癌抗癌功效。

做法

1 锅内放入橄榄油，中火烧热，放菜花，翻炒1分钟。

2 放西红柿块，中火炒2～3分钟。

3 倒入豆浆，撒盐，翻炒到汁收干即可。

豆浆鲫鱼汤

原料

鲫鱼500克，黄豆100克，油50毫升，料酒、盐、葱、姜各适量。

做法

1 黄豆泡6~7个小时，用前把水倒掉，冲洗一遍。

2 把黄豆和适量的水放入豆浆机机体内，按下开关，十几分钟后新鲜热烫的豆浆就"出炉"了，接着用滤网滤去豆渣。

3 洗净宰好的鲫鱼，沥干水分；葱洗净切段。

4 热锅放油，待油六成热时放鱼和姜片、葱段，鱼两面煎至微黄，下料酒，加盖焖一小会儿，待酒挥发。

5 倒入豆浆，加盖烧开后转小火煮30分钟，下盐调味即可。

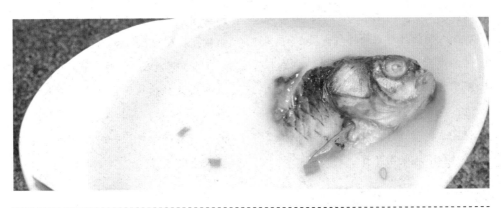

豆浆冷面

原料

淡豆浆250毫升，奇异果1/2个，小番茄2个，小黄瓜3片，熟荞麦面150克，盐、糖各少许。

做法

1 把淡豆浆放凉，加入盐、糖搅匀，放入冰箱冷藏备用。

2 奇异果去皮、切片，小番茄切半备用。

3 将熟荞麦面放入备用的凉豆浆中，再加入奇异果、小番茄、小黄瓜片即可。

豆浆奶酪

原料

豆浆300毫升，细砂糖15克，吉利丁片7.5克，动物性鲜奶油130克。

做法

1 吉利丁片泡入冰块水中软化，捞出挤干水分备用。

2 将豆浆和细砂糖以中小火煮至约70℃，至细砂糖完全融化后熄火；加入备用的吉利丁片搅拌至完全溶解，再倒入动物性鲜奶油拌匀备用。

3 以细筛网过滤出豆浆奶酪液，倒入模型中，以瓦斯喷枪快速烤除其表面气泡，也可用小汤匙将气泡戳破。

4 将完成的步骤3模型移入冰箱冷藏至豆浆奶酪液凝固即可。

豆浆意大利面

原料

原味豆浆200毫升，意大利面300克，培根片100克，蘑菇片50克，蒜末10克，洋葱末50克，蛋黄1个，奶油20克，橄榄油、盐、胡椒粉各少许。

做法

1 煮一锅滚水，放入意大利面，加入少许盐与橄榄油，煮约12分钟至软后捞出备用。

2 热锅，加入奶油至融化后，爆香蒜末与洋葱末，再放入培根片、蘑菇片炒香。

3 原味豆浆加热与蛋黄拌匀，倒入步骤2的锅中续煮，再加入步骤1的意大利面与所有调味料，一起混合拌炒均匀至入味即可。

豆浆鸡蛋羹

原料

豆浆200毫升，鸡蛋2个，白糖5克，水淀粉10克。

做法

1 鸡蛋磕入碗中用筷子打散，用水淀粉、白糖和水调成糊。

2 锅置火上，倒入豆浆，大火煮沸3～5分钟后，加入调好的糊，边加边朝一个方向不停地搅动至羹状即可。

❤ 养生功效

　　这道豆浆鸡蛋羹能调节内分泌，改善更年期症状，延缓衰老，减少面部青春痘、暗疮的发生，使皮肤白皙润泽。

银杏烩豆腐

原料

韧豆腐1块，银杏6颗，豆浆600毫升，葱花少许，盐适量，鸡精适量。

做法

1 银杏剥去外壳，去掉薄衣，放入滚水中煮熟。豆腐切成稍大于银杏的菱形块，也放入滚水中焯煮1分钟。

2 豆浆倒入锅中，放入银杏、豆腐，煮开后转小火继续煮5分钟，加盐和鸡精调味，盛入碗中，撒上葱花即可。

🌿 **养生功效**

银杏又叫白果，性平，味甘、苦、涩，有祛痰、止咳、润肺、定喘等功效。

豆浆鲜蘑

原料

豆浆800毫升，高汤200毫升，平菇、金针菇、蟹味菇各50克，干黑木耳10克，青豆、玉米粒各30克，盐3克，白胡椒粉2克。

做法

1 黑木耳加水泡发，去掉根部老硬的部分，洗净分成小朵。平菇、蟹味菇、金针菇也去掉根部，洗净，沥净水分待用。

2 将高汤与豆浆混合，大火煮开后放入青豆、玉米粒、黑木耳、金针菇、蟹味菇和平菇，再次煮开后继续煮30分钟。

3 出锅前加盐和白胡椒粉调味，继续煮2分钟，待味道均匀地渗透到食材中即可。

🌿 **养生功效**

菇类风味极佳，尤其与其他食物一起烹饪时，更能发挥出美味，又兼营养丰富，含有丰富的维生素D，能够帮助人体吸收豆浆中丰富的钙质。

双蛋凉瓜

原料

凉瓜（即苦瓜）1根，咸鸡蛋1个，皮蛋1个，豆浆250毫升，水淀粉30毫升，姜丝5克，盐1茶匙，鸡精3克，油2汤匙。

做法

1. 咸蛋和皮蛋剥去蛋壳，切成大小均匀的粒。
2. 凉瓜对半剖开，挖去籽，洗净，斜切成片，放入滚水中氽烫1分钟，捞出沥净水分。
3. 大火烧热锅中的油至六成热，放入姜丝爆香，加入皮蛋粒和咸蛋粒，炒出蛋香味后放入凉瓜片，翻炒1分钟，加入豆浆和水淀粉，待汤汁收干，加盐和鸡精调味即可。

养生功效

经过加工的咸鸡蛋和皮蛋具有特殊风味，能引起食欲，且有一定的食疗效果；凉瓜即苦瓜，性凉，能解毒、健胃、除邪热、聪耳明目、润泽肌肤。

山药豆浆鸡腿煲

原料

原味豆浆1000毫升，山药300克，鸡腿2只，枸杞子10克，酱油10毫升，白糖5克，料酒15毫升，干淀粉10克，姜丝5克，油15毫升。

做法

1. 山药去掉外皮，洗净切成滚刀块。枸杞子加水泡发。
2. 鸡腿剔去骨，切成块状，加入酱油、白糖、料酒和干淀粉抓拌均匀，腌制20分钟。
3. 大火烧热锅中的油至六成热，放入姜丝爆香，倒入腌好的鸡腿肉翻炒2分钟，盛出待用。
4. 豆浆倒入汤煲中，加入山药块和枸杞子，将炒过的鸡腿肉也倒入锅中，大火煮开后转小火炖煮50分钟即可。

养生功效

豆浆的营养丰富，有健脾养胃、补虚润燥、清肺化痰和润肤美容之效。其与山药、鸡肉搭配，味道鲜美，补益作用很强。

山楂栗子羹

原料

山楂150克，栗子100克，豆浆1000毫升，糖150克，湿淀粉适量。

做法

1. 将山楂洗净，去籽；栗子去壳；用沸水烫3分钟，撕去外皮，用刀切成黄豆大小的粒。

2. 将山楂和栗子分别放入碗中，上笼蒸40分钟至软糯时取出。

3. 将山楂捣烂成泥（越细越好），加豆浆搅拌均匀，放锅里，用大火煮至沸腾。

4. 煮沸后加入白糖，用湿淀粉勾芡，搅匀后撒入蒸好的栗子即可。

碧绿鱼丸

原料

草鱼肉300克，鲜香菇2朵，菠菜300克，豆浆1000毫升，姜末5克，蛋清2只，盐适量，干淀粉10克。

做法

1. 草鱼肉去掉鱼皮和鱼刺，切成小丁，放入搅拌机中，搅打成鱼肉茸；鲜香菇洗净去蒂，切成碎末。

2. 将打好的鱼茸和香菇末混合，加上姜末、蛋清、盐和干淀粉沿顺时针方向搅打上劲（这个过程要大约要15～20分钟）至鱼茸蓬松变大。

3. 手中拍少许干淀粉，将搅拌好的鱼肉茸取一些攥在左手中，用虎口和汤勺配合挤成丸子，放在盘中。

4. 菠菜择洗干净，切成小段，放入搅拌机中，加入豆浆，启动搅拌机搅打成浆状。

5. 菠菜浆倒入锅中大火煮开，将挤好的鱼丸放入锅中，煮至鱼丸浮起，加入适量的盐调味即可。

豆浆鱼片

原料

草鱼300克，豆浆1000毫升，黄豆芽150克，香葱花10克，料酒1汤匙，白胡椒粉1茶匙，干淀粉2茶匙，盐7克，油1汤匙。

做法

1　草鱼平放在砧板上，从颈部斜刀切下，待刀刃碰到鱼脊骨，则将刀刃沿脊骨2平着片向尾部，取下一片鱼肉，用斜刀切成鱼片，加入料酒、白胡椒粉、生粉和盐抓拌均匀腌制10分钟。豆芽去掉根须，洗净。

2　大火烧开锅中的水，放入腌好的鱼片迅速汆烫2分钟，捞出沥净水待用。

3　大火烧热锅中的油至六成热，放入黄豆芽炒出香味，随后加入豆浆，待豆浆煮滚后放入汆烫过的鱼片，煮约1分钟。加入剩余的盐和香葱花调味即可。

养生功效

豆类和鱼永远是黄金搭配，美味又营养。

豆浆冰糖炖蛤蜊

原料

蛤蜊100克，豆浆2杯半，冰糖或盐适量。

做法

1　蛤蜊用水浸泡至发胀，挑除污物及沙肠后洗净待用。

2　豆浆倒入炖盅内，加进发好的蛤蜊，盖上盅盖。

3　隔水炖1小时，依个人喜好酌加盐或糖调味即成。

养生功效

蛤蜊味道鲜美，与豆浆搭配，更显美味，且营养丰富。

豆浆鹌鹑蛋

原 料

鹌鹑蛋2个，豆浆300毫升，白糖适量。

做 法

1 将豆浆放入锅中，煮沸。

2 鹌鹑蛋去壳，加入煮沸的豆浆中，煮至蛋刚熟时，离火，加入适量白糖调味即可。

🍃 **养生功效**

豆浆和鹌鹑蛋皆含有丰富的优质蛋白质，对人体很有助益。

韩式豆浆凉面

原 料

鲜榨豆浆400毫升，细切面150克，西红柿1个，黄瓜50克，莴苣30克，花生碎10克，盐3克。

做 法

1 榨豆浆煮熟待凉后，放入冰箱冷藏30分钟。黄瓜洗净切成细丝，西红柿薄片，莴苣去皮洗净切细丝。

2 大火烧开煮锅中的水，放入面条，煮沸后倒入少许冷水，再次煮沸，再次倒入冷水。煮的过程中用筷子搅动，避免粘连，使受热均匀。

3 至面条煮熟，捞出，放入冷水盆反复3次用冷水冲洗，之后捞出沥净水分

放入碗中。将冰过的豆浆倒入碗中，豆浆没至面条的一多半为宜。

4 将黄瓜切细丝、西红柿片、莴苣丝放在豆浆面上，再撒上花生碎即可。

🍃 **养生功效**

营养丰富，口感清爽，极适合夏日食用。

豆浆软饼

原 料

面粉250克，西葫芦1个，鸡蛋2个，豆浆100毫升，葱花、熟白芝麻各10克，盐5克，油15毫升。

做 法

1 西葫芦洗净沥干水分，用擦丝器擦成均匀的细丝。

2 取一个大点的容器，倒入面粉，磕入鸡蛋，用搅拌器搅拌，边搅拌边加入豆浆，将面粉搅拌成没有颗粒可流动的糊状。

3 加入西葫芦丝、葱花、熟白芝麻、盐搅拌均匀，放置5分钟。

4 取一只平底锅，刷上一层油，小火烧至五成热，用勺子舀一勺面糊倒入平底锅中，用勺背将面糊推平成圆饼状。待表面的面糊凝固后，用木铲轻轻铲起饼边与锅分离，然后将面饼翻转，待两面全部煎成金黄色时盛出。

❧ 养生功效

能提供丰富的蛋白质、钙质、膳食纤维等营养素。

豆浆糙米饭

原 料

糙米100克，豆渣50克，豆浆适量。

做 法

1 糙米挑拣干净小沙粒，加水浸泡3小时以上，至米粒膨胀。

2 泡好的糙米去掉泡米水，淘洗干净，沥净水分，倒入电饭煲中，再加入豆渣和豆浆，搅拌均匀。

3 启动电饭煲的煮饭功能。待糙米饭煮好后不要马上打开锅盖，稍焖一会儿最好。

❧ 养生功效

味道清香，米饭可口，能充分发挥豆和米的营养互补作用。

豆浆汤圆

原料

速冻汤圆6个，豆浆800毫升，熟花生仁10克，葡萄干10克。

做法

1. 熟花生仁去掉外衣切成碎粒。葡萄干洗净，用纸巾吸干水分研成碎粒。

2. 豆浆倒入锅中，大火煮至微沸时放入速冻汤圆，煮开后转中小火继续煮至汤圆全部浮起。

3. 将汤圆捞入碗中，在加入少许煮汤圆的豆浆，最后撒上花生碎和葡萄干碎即可。

🌿 养生功效

　　豆浆醇香，汤圆软糯，搭配香脆的熟花生和甘甜的葡萄干，是一款很好的甜品。

豆浆玉米布丁

原料

甜豆浆400毫升，蛋黄2只，鸡蛋2个，细砂糖50克，罐装玉米粒100克。

做法

1. 将鸡蛋和蛋黄在大碗中打散。玉米粒从罐中取出待用。

2. 豆浆加热至40℃，加入打散的蛋液和细砂糖，用打蛋器沿同一方向搅拌均匀，用筛网过筛，之后加入玉米粒，搅拌均匀成布丁液。

3. 将布丁液倒入容器中，用保鲜膜封好口，移入蒸锅，大火隔水蒸12分钟即可。

🌿 养生功效

　　能提供丰富的蛋白质、钙质、膳食纤维等营养素，是一款天然健康的养生甜品。

豆浆黄油煮甜玉米

原料

甜玉米2根，豆浆800毫升，黄油15克。

做法

1 甜玉米剥去玉米皮，择掉玉米须，清洗干净，分成小段。

2 豆浆倒入煮锅中，再加入适量水（豆浆和水的总量为能将玉米棒没过即可）放入玉米棒和黄油，大火煮开后，继续煮15～20分钟，至玉米棒煮熟。

养生功效

甜玉米具备玉米的营养特质，又有水果一样的清甜，非常适合食用，搭配醇厚的豆浆，风味更加浓厚。

酸奶豆浆水果捞

原料

豆浆80毫升，原味酸奶250克，猕猴桃80克，芒果80克，蜂蜜10毫升。

做法

1 将原味酸奶、豆浆和蜂蜜倒入碗中混合，调匀成糊状。

2 猕猴桃去皮切成粒状。芒果去皮、去核，果肉也切成粒状。

3 将切好的果粒放入调好的酸奶豆浆糊里即成水果捞。

养生功效

酸奶、豆浆、水果，都是极具风味又营养丰富的食品，搭配在一起更能发挥其营养功效。

第七章

豆渣新吃法

—— 将健康进行到底

豆渣新吃法

——将健康进行到底

豆渣的食用价值

豆渣的美容价值

豆渣食谱

豆渣的食用价值

豆渣是生产豆制品过程中的副产品，豆渣具有丰富的营养价值，其中的营养成分与大豆类似。研究表明，大豆中有一部分营养成分残留在豆渣中。一般豆渣中含水分85%、蛋白质3.0%、脂肪0.5%、碳水化合物8.0%等。此外，还含有钙、磷、铁等矿物质。

豆渣是膳食纤维中最好的纤维素，被称为"大豆纤维"，具有非常好的营养功效。

防治便秘

豆渣中含有大量食物纤维，常吃豆渣不仅能增加粪便体积，使粪便松软，而且能促进肠蠕动，有利于排便，并可防治便秘、肛裂、痔疮和肠癌。

降脂

豆渣中的食物纤维能吸附人体中随食物摄入的胆固醇，从而可阻止人体对胆固醇的吸收，有效降低血中胆固醇的含量，对预防血黏度增高、高血压、动脉粥样硬化、冠心病、中风等的发生都非常有利。

降糖

豆渣除含食物纤维外，还含有粗蛋白质、不饱和脂肪酸，这些物质有利于延缓人体肠道对食物中糖分的吸收，降低餐后血糖的上升速度，对控制糖尿病患者的血糖十分有利。豆渣中的纤维素还能吸附食物中的糖分，减少肠壁对葡萄糖的吸收。经常吃豆渣，能预防糖尿病。纤维素能使胰岛素、高血糖素的分泌兴奋性降低，并影响氨基酸的代谢，从而可防止进食后血糖的迅速升高，这对控制糖尿病患者的血糖十分有利。

减肥

豆渣具有高食物纤维、高蛋白质、低脂肪、低热量的特点，肥胖者吃后不仅有饱腹感，而且因豆渣的热量比其他食物低，在减肥期间食用不仅可解除饥饿感、抑制脂肪生成，又能为身体提供必需的营养成分，使健康瘦身效果更显著。

防治心脑血管疾病

豆渣中的食物纤维既能吸附贮留于人体十二指肠内胆汁中的内源性胆固醇，也能吸附随其他食物摄入的外源性胆固醇，阻止了胆固醇的吸收，从而能有效

地降低血浆和肝脏的胆固醇水平，对预防血黏度增高、高血压、动脉粥样硬化、冠心病、中风等病的发生都非常有利。此外，豆渣中的钙还能抵御血压的升高，心脑血管疾病患者常吃豆渣，有助于疾病的康复。常吃豆渣还可减少中风、心肌梗死的发生。

 ## 防癌抗癌

据测定，豆渣中含有较多的抗癌物质皂角苷，经常食用能大大降低乳腺癌、胰腺癌及结肠癌的发病率。

防治骨质疏松症

豆渣也是补钙及强壮骨骼的保健食品。豆渣中的钙质极易被人体消化吸收，它对人体传导神经功能信号、维持组织器官和运动系统的生理功能都十分必要，同时可补充骨骼和牙齿的钙质，能防治中老年人骨质疏松症。

豆渣的美容价值

豆渣的用途很多，不仅可以用来吃，还可以用来美容。

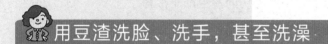

用豆渣洗脸、洗手，甚至洗澡

洗 脸

可以把豆渣当成按摩"霜"用，先取一小团放在一手手心，然后用双手搓开，在脸颊上由内向外轻轻按摩3~4次；其次到额头，以顺时针方向轻轻按摩3~4次；再到眼部，按摩时一定要轻，从内向外打圈按摩3~4次；下巴部分从中间向两侧轻按3~4次；最后是鼻子，鼻翼两侧以顺时针方向轻轻按摩3~4次，鼻尖也是以相同方法按摩。按摩完之后不要马上洗掉，让其在脸上停留5分钟，洗净后使用保湿水。隔一天使用一次即可使皮肤润泽。

洗 澡

先把全身打湿，把豆渣放在皮肤上轻轻打圈按摩，轻轻拍打，再用水洗净。洗完后皮肤特别白皙、细腻，光泽也很好，而且洗的时候一点也没有摩擦刺激皮肤的感觉。因为豆渣虽然很细，又像是软泥似的，但清爽不黏，没有洗不干净的感觉。

全身按摩

　　全身按摩的方法很简单，就是将豆渣放在手心上按摩身上的皮肤。只要坚持下来，经过一段时间的使用，你会发现，皮肤真的会变得细腻光滑。

用豆渣自制面膜

　　很多人在榨了豆浆之后，都把豆渣作为废弃物扔掉。其实，每天榨豆浆剩下的豆渣是一种天然的美容材料。只要用一小碗豆渣加入一个蛋清、适量蜂蜜，搅拌均匀后敷在脸上，再盖上一层面膜纸，10～15分钟后洗净，皮肤立刻就会变得又白又嫩了。这是因为蛋清有收缩毛孔的作用，蜂蜜可以保湿，豆渣可以美白，这样的面膜非常适合长期工作在空调环境里的白领职业女性。每周可以做2～3次。

　　此外，豆渣还可以用来制作美白补水面膜，这主要针对油性皮肤者。可用2匙酸奶，外加1匙蜂蜜和豆渣，调匀后均匀敷在脸上，过15～20分钟后冲洗干净即可。晚上洗完脸后用豆渣做按摩，有深层清洁的作用，再用自制的豆渣面膜敷脸，用完后会感觉很湿润，第二天早晨起床也会感觉没有原来那么多油了。但要注意的是，此面膜不要天天使用，隔一天用一次效果最好。

知识链接

豆渣发酵成饲料的好处

生豆渣不易保存，很容易发霉变质；喂猪时猪易拉稀，因为生豆渣中含有多种抗营养因子，对猪的生长和健康等方面会产生不好的效果。而豆渣发酵以后有如下好处：

1. 便于较长时间保存。不发酵的豆渣最多能存放 3 天，经过发酵后的豆渣一般可存放一个月以上，如果能做到严格密封，压紧压实或烘干，则可以保存半年以上甚至一年。

2. 丰富了营养成分。发酵后的豆渣含有大量的有益微生物和乳酸等酸化剂，维生素含量也大量增加，尤其是B族维生素可成倍增加。

3. 大大降解了抗营养因子，提高了抗病力。发酵后的豆渣能显著增加其消化吸收率和降解抗营养因子，并含大量有益因子。

4. 节省了饲料成本，提高了经济效益。豆渣发酵以后可以代替很大一部分猪饲料，不仅节省饲料成本，并且能使猪少生病、提前出栏，从而提高经济效益。

豆渣食谱

豆渣鸡蛋饼

原 料

鸡蛋120克，豆渣100克，玉米面100克，面粉50克，葱末40克，盐10克。

做 法

1. 将豆渣装入盆中，打入鸡蛋，加玉米面、面粉，并将盐、葱末等加入其中搅拌均匀。

2. 将少许食用油加入煎锅中，然后将准备好的豆渣鸡蛋倒入煎锅中，摊成圆饼状，中小火煎至两面呈金黄色且熟透即可。

❧ 养生功效

豆渣鸡蛋饼含有丰富的蛋白质，尤其适合厌食、肥胖或营养不良的儿童和老人食用。同时，还具有消除黑头、润肤、细肤、提亮的功效，是物美价廉的护肤品。

素炒豆渣

原 料

豆渣80克，鲜香菇60克，胡萝卜80克，芹菜100克，金针菇60克，姜末、盐、糖、胡椒粉、色拉油各适量。

做 法

1. 鲜香菇切小片；胡萝卜切丝；芹菜切段；金针菇去蒂头，备用。

2. 热锅，加入2大匙色拉油，放入姜末、豆渣煸香，再放入鲜香菇片炒香。

3. 继续加入胡萝卜丝、芹菜段、金针菇拌炒均匀，最后加入水及所有调味料拌炒至入味即可。

温馨提示

豆渣刚开始会比较吸油，所以油要稍微多放一点。同时，锅一定要洗干净，而且炒的时候尽量不要用大火。

雪菜炒豆渣

原 料

挤干的豆渣200克，雪菜50克，干辣椒2个，盐适量。

做 法

1 炒锅放油，烧热，放豆渣小火略翻炒，再加一点盐和干辣椒。

2 待豆渣变成金黄色时放入雪菜，略炒一下即可出锅。

温馨提示

在超市里有各种腌制的雪菜，大家经常买回来做菜。其实，腌制的雪菜不利健康，做菜时最好用新鲜的青菜代替，这样营养价值更高。

白菜炒豆渣

原 料

豆渣500克，白菜500克，盐、味精、葱花、色拉油各适量。

做 法

1 将豆渣挤干水，放锅内炒干热，出锅待用；白菜去杂洗净切段。

2 锅放油烧热，下葱花煸香，倒入豆渣煸炒一段时间，再加白菜煸炒，加盐炒至入味，最后加入味精炒匀即可出锅。

养生功效

白菜清热、利水、养胃，与豆渣合炒，具有清热解毒的功效，适于口渴、烦热、糖尿病及肥胖症患者。

豆渣炒蛋

原料

新鲜豆渣250克，红椒30克，鸡蛋2个，小葱、食用油、盐各适量。

做 法

1 过滤出来的豆渣用干净纱布挤干剩余浆水。

2 鸡蛋打碎加少许盐，打散；红椒切细粒；葱切末。

3 热油锅，下蛋液，成型后用铲子划散。

4 倒入豆渣翻炒，炒至豆渣呈金黄色时，再加入红椒粒翻炒1分钟，最后撒上葱末拌匀，加盐调好味即可。

豆渣丸子

原料

新鲜豆渣100克，鸡蛋2个，面粉30克，胡萝卜丝50克，香菜末、花椒粉、盐各适量。

做法

1. 鸡蛋磕入碗中，打散；然后将所有原料搅拌均匀制成丸子，不用加水拌。
2. 锅置火上，油烧至七成热时，把做好的丸子入锅炸熟即可。

❦ 养生功效

豆渣富含的膳食纤维能促进人体胃肠蠕动和消化液分泌，不仅有利于食物消化，还能促进排便，预防便秘和大肠癌。

豆渣鸭子

原料

豆渣500克，鸭子1只，料酒、味精、酱油、盐、葱花、姜末、猪油各适量。

做法

1. 将豆渣挤干水分，入炒锅炒干备用。
2. 另起锅烧热，下猪油炒至油发白。
3. 鸭子杀后去毛、去内脏，洗净，抹上酱油、料酒，用八成热的油炸至呈金黄色，再加葱花、姜末上笼蒸烂取出，装于盘中。
4. 将蒸鸭子的汤汁倒入豆渣锅内，加盐、味精烧沸，推匀起锅，舀在鸭子四周即可。

❦ 养生功效

鸭肉补气利水、滋阴养胃，与豆渣相配，营养丰富，具有补气健脾的功效，适于久病气虚、食欲不振、体瘦乏力、虚热多痰、消渴等病症患者食用。

豆渣松饼

原 料

豆渣100克，原味豆浆300毫升，低筋面粉80克，泡打粉3克，蛋2个，奶油20克，蜂蜜适量。

做 法

1. 将低筋面粉、泡打粉过筛备用。

2. 取一容器，将蛋打散，再加入豆渣、原味豆浆拌匀，并加入过筛好的低筋面粉与泡打粉中，再加入蜂蜜搅拌均匀后，静置约40分钟，即为面糊，备用。

3. 热锅，在锅内轻轻涂上薄薄一层色拉油，再倒入适量做好的面糊，用小火慢慢煎至凝结后，翻面煎至两面皆呈金黄色即可起锅。

4. 重复上面的方法，直至备用的面糊用完。

5. 把煎好的松饼装盘，再往上面淋上适量的蜂蜜就可以食用了。

豆渣土豆饼

原 料

豆渣200克，土豆200克，鸡蛋1个，火腿肠1根，面粉两大勺，盐、黑胡椒粒各适量。

做 法

1. 土豆擦丝，用微波炉加热至软；火腿肠切丁。

2. 把土豆丝、火腿丁、面粉、鸡蛋、盐、黑胡椒粒与豆渣拌均匀。

3. 平底锅放少许油，把豆渣放入锅中，两面煎成金黄色即可。

❧ 养生功效

豆渣富含膳食纤维；土豆不仅富含膳食纤维，还含有大量维生素、矿物质，而且不含脂肪，能有效控制人们日常饮食中脂肪总量的摄入。豆渣土豆饼有减肥功效。

豆渣肉饼

原 料

豆渣250克，猪肉馅250克，芹菜50克，洋葱1个，虾皮50克，淀粉、盐、五香粉、料酒、生抽、蚝油、烧烤酱各适量。

做 法

1. 芹菜切碎；洋葱一切为三，其中两块切碎。

2. 将豆渣、虾皮、芹菜末、洋葱末以及事先剁好的肉馅混合，加入适量淀粉、盐、五香粉、料酒、生抽、蚝油一起搅拌均匀，并捏成一个一个的小肉饼。

3. 锅中放少许油，开火烧热，放入肉饼，煎到两面金黄后取出。

4. 剩下的1/3洋葱切成细丝，放入锅中，炒至洋葱发软，冒出香味后，加入一些烧烤酱，继续翻炒片刻，再加适量清水淹过洋葱丝，放入刚才煎好的肉饼；开中火焖熟后，大火收汁，出锅。

豆渣披萨

原料

火腿200克，番茄、玉米粒各50克，豆渣500克，面粉300克，盐适量。

做法

1 将面粉、豆渣、盐和成面团，摊平在锅底。

2 将火腿切成丁，与番茄玉米粒一起铺在面饼上。

3 在上述面饼上滴几滴油，使之翻面的时候不会粘锅，中火烤熟即可。

❤ 养生功效

　　豆渣披萨中的火腿内含丰富的蛋白质和适度的脂肪、多种氨基酸、维生素和矿物质，具有养胃生津、益肾壮阳、固骨髓、健足力、愈创口等作用；玉米具有调中开胃、益肺宁心、清湿热、利肝胆、延缓衰老等功能。

糯香豆渣煎饼

原料

豆渣500克，鸡蛋1个，糯米粉200克，椒盐粉、葱花、花生油各适量。

做法

1 豆渣倒在大碗里，加入两大匙糯米粉和鸡蛋、适量椒盐粉拌匀。

2 在碗里再加入切好的葱花和一小匙花生油，再次拌匀。

3 平底锅至火炉上，倒入花生油烧热；用羹匙舀起一大匙拌好的豆渣糯面糊，摊在平底锅里，摊的时候稍稍整一整边缘，使其成为圆形小煎饼的形状。

4 煎饼在平底锅里摊好以后，改用中火煎。每面各煎约3分钟，当小煎饼一面煎成金黄色的时候，用薄木铲小心地翻过来继续煎，直到饼的两面都煎成金黄色。

南瓜豆渣薄饼

原料

南瓜100克，面粉200克，豆渣500克，葱花、油、盐各少许。

做法

1 南瓜蒸熟后压成泥，和豆渣、面粉、葱花放进一大碗里，加少许盐搅拌均匀后，用手捏一下面团，如果太干，就掺点水，然后和成光滑、软硬适中的面团。

2 和好的面团醒30分钟，然后分成若干等分。

3 案板上撒些干面粉，取一小份面团用掌心压扁后，用面棍擀薄，比饺子皮稍厚些就行。

4 锅烧热后，放少许油，然后把擀好的面片放进锅里煎至中间略为鼓起，翻面煎至金黄就可以铲起。

豆渣汉堡包

原料

高筋面粉200克，糖20克，酵母2克，蛋液20克，盐3克，豆渣140克，黄油15克，苦菊、鸡蛋、火腿各适量。

做法

1 高筋面粉、糖、盐和酵母先在盆中混合均匀，中间开窝，倒入蛋液和豆渣。

2 先用筷子将蛋液和豆渣搅拌均匀，再向外划圈搅入面粉，搅拌均匀后，下手揉面，揉成粗糙的面团后，取出放在案板上反复揉。

3 揉至面团光滑，形成面筋但仍粗糙时，放回盆中，将面团摊开，中间放上软化的黄油；先用面团将黄油包裹，再均匀按压使黄油在面团内部分散开，然后正常揉面。

4 当面团不黏手后，再取出放在案板上揉、摔，直至可以拉出薄膜。

5 将面团收圆入盆，覆盖保鲜膜，温暖处发酵至两倍大（用食指蘸薄面粉在面团中捅一个洞，若不回弹不下陷，即为发酵完成）。

6 将面团取出，按压排气，分割成六等分，逐个滚圆；五指合拢，将面团收在掌心之下五指之间，在案板上朝着一个方向旋转并滚动，面团在滚动的同时被挤压排气，变得结实光滑，并收口于底部。

7 覆盖保鲜膜或湿布，中间饧发15分钟，再次逐个滚圆后，间隔摆放入铺好锡纸的烤盘上，然后送入烤箱中层做最后发酵，烤箱底部放一杯热水制造蒸汽，烤箱定温40℃，40~60分钟。

8 取出烤盘，将烤箱预热至180℃，同时将面包坯刷上蛋液，再放入烤箱中层烤15分钟左右，上色后盖锡纸。

9 出炉后，放凉到手温后，放进密封盒保存。

芹菜煎豆渣

原料

豆渣、玉米面各80克，芹菜30克，鸡蛋1个，盐、胡椒粉各少许。

做法

1 芹菜切末备用；鸡蛋磕入碗中，打成蛋液。

2 将芹菜末与豆渣、蛋液、玉米面混合，加盐、胡椒粉调味，搅拌均匀。

3 置锅，倒入少许油，油热后，倒入豆渣玉米糊，用锅铲压平，小火慢煎至两面金黄即可。

果仁豆渣粥

原料

黄豆豆渣80克，玉米面80克，核桃仁5克，松子仁5克，大杏仁5克。

做法

1. 将核桃仁、松子仁、大杏仁放入平底锅内用小火慢慢烘焙出香味，再将烘焙好的核桃仁和大杏仁切成碎粒。

2. 把黄豆豆渣与玉米面混合，加入适量凉水调成糊。

3. 在煮锅中加入800毫升凉水，大火煮开，倒入调好的豆渣糊，用汤勺搅拌均匀，再次煮开后继续煮10分钟。

4. 将煮好的豆渣粥盛入小碗中，撒上松子仁和核桃仁、大杏仁碎粒即可。

温馨提示

可以根据个人的喜好调整煮粥时加水的比例，喜欢喝稀一点的可以多加水，喜欢稠一点的则可以少加点水。

豆渣馒头

原料

豆渣100克，温水40克，面粉280克，盐、白糖、油、酵母各适量。

做法

1. 豆渣100克倒入容器中，加入面粉、盐、油和白糖。

2. 酵母先倒在装有温水的容器中，搅拌好，再和上述处理好的豆渣混合成团。

3. 盖上湿布，放在一个温暖的地方发酵至两倍大。

4. 取出发酵好的面团，揉10分钟后，擀成一个长片，卷起。

5. 切成每5厘米一小段，放在装有湿笼布的蒸笼上，中火蒸20分钟即可。

养生功效

豆渣馒头不仅能促进消化、增加食欲，还有利于保持体形。

五豆豆渣窝头

原 料

五豆豆渣100克，玉米面40克，枣肉50克，蜂蜜、小苏打各适量，水少许。

做 法

1 将豆渣和玉米面按1:3的比例混合。

2 把混合好的豆渣面放入一个容器里，再加入准备好的枣肉、两勺蜂蜜和适量的小苏打，倒入少许的水，搅拌均匀，至面和到能捏成形即可。

3 让和好的面醒上十几分钟，醒好后做成窝头，放在蒸锅里蒸20分钟即可。

❧ 养生功效

五豆豆渣窝头有丰富的营养，具有降脂、补脑、降压等多种作用，中老年人经常食用对保健养生大有益处。

温馨提示

1. 豆渣和玉米面的比例最好是1：3，豆渣的量一定不要超过玉米面的量，如果超过，蒸出的窝头就会发黏，不好吃。

2. 蒸豆渣窝头既可以用电蒸锅来蒸，也可以用普通锅来蒸，蒸的时间是相同的。同时，蒸的时候，在锅里水还是冷水时就把窝头放入蒸锅里。如果做的窝头小就蒸上20分钟左右，如果做的窝头大就蒸上25分钟左右。

香菇炒豆渣

原 料

黄豆豆渣250克，干香菇3朵，红辣椒1个，西兰花杆40克，葱末、黄酒各适量，盐3克。

做 法

1 将干香菇泡发，洗干净后切成碎粒；红辣椒去籽，洗净后切成与香菇一样大小的碎粒；西兰花杆切成0.5厘米见方的小丁；黄豆豆渣用纱布包好，挤去水分。

2 锅置火上，将炒锅中的油烧至七成热，放入葱末和红辣椒粒，煸炒出香味，放入西兰花杆丁、香菇粒，调入料酒，翻炒1分钟后放入豆渣，再翻炒几下后加入盐，继续翻炒2分钟，至豆渣炒熟即可。

第八章

豆料巧搭配

—— 营养更加倍

豆料巧搭配

—— 营养更加倍

人体需要的各种营养素
制作豆浆的配料

人体需要的各种营养素

人体所需要的营养素包括糖类、脂肪、蛋白质、维生素、矿物质、水、无机盐。在体内代谢中能产生热的营养素，如糖类、脂肪和蛋白质，又称为生热营养素。

蛋白质

蛋白质是构成一切生命的物质基础，是组成细胞和组织的重要成分，机体的各种生理功能大多是通过蛋白质来完成的。比如，我们常说的人体免疫力或叫抵抗力，其物质基础之一就是一种 γ 球蛋白，也叫丙种球蛋白，它是人体免疫系统的重要组成部分，当细菌、病毒侵入人体时，它发挥了清除细菌、病毒的免疫功能。这种球蛋白缺乏，人体抵抗力就会低下。

蛋白质占人体固体成分的45%，种类繁多，构成蛋白质的最基本单位叫氨基酸。氨基酸有20种，其中有8种（婴幼儿为9种）氨基酸人体不能合成或合成较少，必须从食物中获得，称为必需氨基酸。其余几种氨基酸人体自身可以合成，并能满足自身需要，称为非必需氨基酸。组成氨基酸的元素为碳、氢、氧、氮，有部分含硫，少量的含磷、铁、铜、锌、锰、钴、钼等。

人体在代谢过程中会失掉许多蛋白质，如皮肤、毛发、黏膜的脱落，女性的月经等，所以需要从食物中摄取补充。每天损失的与摄入蛋白质的量需要平衡以保证生理代谢，但每日应该摄入多少蛋白质呢？可通过氮平衡试验来计算。氮是组成蛋白质的重要元素，其含氮量较为恒定，所以测定食物中的含氮量可估算出

含蛋白质的量。测定每日摄入蛋白质的含氮量与粪、尿中的排氮量，即可反映出人体蛋白质的代谢情况是否正常。

蛋白质摄入的量既不能太多也不能太少，过少会造成营养不良，表现为消瘦、贫血、发育迟缓、水肿等。摄入过多会增加肾脏负担，因为通常情况下机体将多余的蛋白质分解，产生的含氮化合物通过肾脏代谢由尿排出，这个过程需要大量水分，肾功能不好的人更应注意蛋白质的摄入量。过多摄入动物蛋白质可造成含硫的氨基酸摄入过高，加速骨骼中钙的流失，易发生骨质疏松。

知识链接

人体对蛋白质的需要量

我国营养学会推荐，成人每日蛋白质摄入量为80克。我国的营养学家根据不同年龄、性别、劳动强度以及生长发育的需要，提出了每人每日蛋白质的参考摄入量。按体重计算，每日每千克体重需1.0～1.2克，占进食总热量的10%～15%。65千克体重的成人每日推荐65～75克。

脂肪

一般来说，脂肪应包括中性脂肪和类脂质。中性脂肪是由1个分子的甘油和3个分子脂肪酸组成的酯，称为三酰甘油或三酸甘油酯。通常所说的油，如花生油、豆油、麻油等植物油，以及猪油、牛油等动物油的主要成分都是三酰甘油，

即中性脂肪。类脂质是一些能够溶于脂肪或脂肪溶剂的物质，在营养学上特别重要的有磷脂和固醇两类化合物。有时也将中性脂肪和类脂质称为脂类和脂质。

脂肪酸是组成脂肪的主要成分。脂肪酸的种类很多，可分为饱和脂肪酸、单不饱和脂肪酸、多不饱和脂肪酸3大类。饱和脂肪酸是指分子结构中仅有单键的脂肪酸（如奶油中的酪酸），单不饱和脂肪酸是指分子结构中仅有1个双键的脂肪酸（如动植物油中的油酸），而多不饱和脂肪酸则是指分子结构中有2个或2个以上双键的脂肪酸，双键越多，不饱和程度愈高，营养价值也愈高（如一般植物中的亚油酸）。

脂肪的食物来源分为可见的脂肪和不可见的脂肪。可见的脂肪是指那些已经从动物、植物中分离出来，能鉴别和计量的脂肪，如猪油、黄油、人造黄油、酥油、色拉油、花生油、豆油等烹调油。不可见的脂肪是指没有从动物、植物中分离出来的脂肪，如肉类、鸡蛋、奶酪、牛奶、坚果和谷物中的脂肪。

197

知识链接

人体对脂肪的需要量

我国的营养专家提出每天摄入的脂肪量应占总热量的20%～30%。也就是说，每个人应该摄入的脂肪和他一天摄入的总热量有关。实际上，一般正常人根据应摄入总热量的多少，应摄入的脂肪为50～80克；婴幼儿和儿童摄入脂肪的比例高于成年人，6～12月婴儿脂肪占摄入总热量的35%～40%，1～17岁儿童及青少年占30%～35%，成年人占20%～30%。

碳水化合物

碳水化合物是食物的主要成分之一，主要由碳、氢、氧3种元素组成，又称为糖类。碳水化合物一般分为单糖、多糖、双糖三类。单糖易为人体吸收，主要包括有葡萄糖、果糖和半乳糖。双糖类包括蔗糖、麦芽糖以及乳糖。多糖类是由较多葡萄糖分子组成的碳水化合物，不溶于水，包括有淀粉、糊精、糖原、纤维素、半纤维素、果胶类等。

葡萄糖

葡萄糖是构成食物中各种糖类的最基本单位。有些糖类完全由葡萄糖构成，如淀粉；有些则是由葡萄糖与其他糖化合而成，如蔗糖。

果糖

果糖主要在水果和蜂蜜中含量丰富。人工制作的玉米糖浆中含果糖可达40%～90%，是饮料、冷冻食品、糖果蜜饯生产的重要原料。

半乳糖

半乳糖在人体中也是先转变成葡萄糖后才被利用，但是母乳中的半乳糖是在体内重新合成的，而非食物中直接获得。半乳糖是乳糖的重要组成成分，很少以单糖形式存在于食品中。

天然水果、蔬菜中，还存在有少量糖醇类物质。因这些糖醇类物质在体内消化、吸收速度慢，提供热量较葡萄糖少，已被用于食品加工。目前常使用糖醇有山梨醇、甘露醇、木糖醇和麦芽醇等。

蔗糖

蔗糖由1分子葡萄糖和1分子果糖组成，甘蔗、甜菜和蜂蜜中含量较多，日常吃的白糖即蔗糖，是从甘蔗或甜菜中提取加工的。

麦芽糖

2分子葡萄糖、淀粉在酶作用下，可降解生成大量麦芽糖。

乳糖

乳糖由葡萄糖和半乳糖组成，主要存在于奶类及奶制品中。

海藻糖

海藻糖由2分子葡萄糖组成，存在于真菌及细菌中，如食用蘑菇中含量较多。

寡糖

寡糖是指由3～10个单糖构成的小分子多糖。比较重要的寡糖是豆类食品的棉子糖和水苏糖。前者由葡萄糖、果糖和半乳糖构成，后者是在前者的基础上再加上半乳糖。这两种糖都不能被肠内消化酶分解而消化吸收，但在大肠内可被肠内细菌利用，产生气体和其他产物，造成肠胀气。

淀粉

淀粉是由许多葡萄糖组成的、能被人体消化吸收的植物多糖。淀粉主要储存在植物细胞中，尤其是根、茎和种子细胞中。薯类、豆类和谷类含有丰富的淀粉，是人体糖类的主要食物来源。

膳食纤维

膳食纤维是指存在于植物体内不能被人体消化吸收的成分。纤维内的葡萄糖分子是以 β 键连接的，人体内的淀粉酶不能破坏这种化学键，故人体不能消化、吸收纤维。但因其特有的生理作用，营养学上仍将其作为重要营养素。存在于食物中的各类纤维统称为膳食纤维或食物纤维。

知识链接

如何计算一个人应该摄入多少糖类

我们知道，每克糖类产热4千卡，可以应用下面的公式计算：

如一个人摄入总热量为2400千卡，2400千卡×60％÷4（千卡）/克糖类＝360克糖类。摄入的蔬菜、水果及其他食物中还含有少量糖类，一般按50克左右计算，还剩余310克糖类，这310克糖类由粮食提供。每100克粮食中含有75克左右的糖类，所以310÷75％＝413克粮食。因此一个人一天应摄入400克粮食。

 **矿物质**

钙

◆ 钙的生理作用

钙是构成骨骼的主要成分，起支持和保护作用；钙离子的正常浓度对维持细胞膜的完整性、肌肉的兴奋性及细胞的多种功能均有极为重要的作用；钙参与神经和肌肉的活动，神经递质的释放、神经肌肉的兴奋、神经冲动的传导、激素的

分泌、血液的凝固、细胞黏附、肌肉收缩等活动都需要钙；钙和磷是构成牙齿的主要原料。

◆ 钙的食物来源

　　蚕豆、小麦、大豆粉、牛奶、酸奶、燕麦片、豆制品、杏仁、黑木耳、花生米、毛豆及豆类、腐乳、面包、杏干、桃干、蛋类、豆荚、橄榄、柑橘、葡萄干等。

◆ 钙的适宜摄入量

● 中年人：我国钙的膳食参考摄入量为每日800毫克。

● 孕妇和哺乳期妇女：孕中期钙的适宜摄入量每日为1000毫克；孕晚期钙的适宜摄入量每日为1200毫克；哺乳期妇女钙的适宜摄入量每日为1200毫克。

● 老年人：老年人钙的吸收率减低，尿钙排出量增加。因此每日需要摄入的钙高于中年人。中国营养学会推荐50岁以上的老年人钙的适宜摄入量为每日1000毫克。

铁

◆ 铁的生理作用

　　铁作为血红蛋白与肌红蛋白、细胞色素A及某些呼吸酶的成分，参与体内氧与二氧化碳的转运、交换和组织呼吸过程；铁与红细胞形成和成熟有关。

　　缺铁时红细胞中血红蛋白量不足，甚至影响DNA合成及幼红细胞分裂增殖，还可使红细胞变形能力降低，寿命缩短，自身溶血增加。缺铁除导致贫血外，还使运动能力降低、体温调节不全、智能障碍、免疫力下降等。

◆ 铁的食物来源

马铃薯、菊花、甘草、黄豆粉、黑木耳、小麦、黄豆、红糖、干果、蛋黄、精白米、芦笋、扁豆、花生、豌豆、菠菜和谷类。

知识链接

铁的适宜摄入量

足月新生儿自身铁储存量多，每天从母乳摄入0.3毫克可满足其4～6个月的生长需要；6个月以上的婴儿每日损失铁量加生长需要量约10毫克；1岁以后由于断乳期铁需要量为一生中相对最多，1～7岁每日为12毫克；13～18岁的少年男性为16～20毫克，少年女性为18～25毫克；18～40岁成年男性为15毫克，成年女性为20毫克；50岁以上的老年人为15毫克；孕妇（中期）和哺乳期妇女为25毫克，而孕妇（孕晚期）为35毫克。

钠

◆ 钠的生理作用

钠在血浆中的量是恒定的，钠与氯在血浆中浓度对渗透压有重要影响。钠存在于细胞外液，是细胞外液的主要阳离子，构成细胞外液渗透压，调节与维持体内水量恒定。当钠量增高时，贮水量也增加；反之，钠量低时，贮水量减少。

◆ 钠的食物来源

钠存在于各种食物中，来源主要为食盐、酱油、盐渍或腌制肉、烟熏食品及酱菜类等。

知识链接

钠的适宜摄入量

我国居民饮食钠每天适宜摄入量：1～7岁儿童为650～1000毫克；11～14岁为1200～1800毫克；成人为2200毫克。孕妇在整个孕期钠的每日适宜摄入量2200毫克。

钾

◆ 钾的生理作用

维持糖类、蛋白质的正常代谢，葡萄糖和氨基酸经细胞膜进入细胞合成糖原和蛋白质时，必须有适量钾离子参与。钾能维持细胞内正常渗透压、维持神经肌肉应激性和正常功能、维持心肌正常功能、维持细胞内外酸碱和离子平衡。钾还能降低血压，补钾对高血压及正常血压者有降低作用。

人体内钾总量减少可致钾缺乏症，可在神经、肌肉、消化、心血管、泌尿、中枢神经等系统发生功能性或病理性改变。主要表现为肌无力及瘫痪、心律失常、横纹肌肉裂解及肾功能障碍等。长期缺钾，可出现肾功能障碍，表现为多尿、夜尿、口渴、多饮等，尿量多而比重低。体内缺钾常因为摄入不足或损失过多。

◆ 钾的食物来源

香蕉、海藻、水蜜桃、鱼类、牛奶等钾含量较高。

钾的适宜摄入量

我国居民饮食钾每天适宜摄入量：1～7岁儿童为1000～1500毫克；11～14岁为1500～2000毫克；成人为2000毫克。孕妇在整个孕期钾的每日适宜摄入量为2500毫克。

镁

◆ 镁的生理作用

镁具有激活多种酶的活性，能维持骨骼生长和神经肌肉的兴奋性，具有保护胃肠和维持激素正常的功能。

由于镁广泛分布于各种食物，加上肾对镁排泄的调节作用，健康人一般不会发生镁缺乏。镁缺乏可见于各种原因引起的吸收不良、酒精中毒性营养不良、儿童时期的蛋白质热量营养不良等。

◆ 镁的食物来源

糙粮、坚果含有丰富的镁，硬水中也含有较高的镁盐。

镁的参考摄入量

对于婴儿，应尽量从母乳喂哺中获取适宜摄入量。人乳每1升镁含量为34毫克左右，故适宜摄入量为30毫克/天。镁适宜摄入量1～3岁为100毫克/天，11岁以上为350毫克/天，孕妇、哺乳期妇女为400毫克/天。

碘

◆ 碘的生理作用

碘对人体营养极为重要。健康的成人体内总共含有15～20毫克的碘，其中70%～80%存在于甲状腺。骨骼肌内含碘量仅为甲状腺含量的千分之一，但由于肌肉在体内占有很大的比例，故在肌肉中的总碘量仍占人体含碘量的第2位。碘在营养中的主要作用在于参与甲状腺激素的合成，甲状腺激素对人体的作用非常广泛，在人体生长和发育中起着重要作用。

◆ 碘的食物来源

海盐和海产品含碘丰富，是碘的良好来源。补碘的方法很多，如常吃海带、紫菜等海产品。但是最方便、经济安全、有效的办法是食用碘盐。一般及微量来源主要来自谷类、豆类、根茎类和果实类食品。

知识链接

碘的参考摄入量

正常人每日碘的摄入量在1000微克以下是安全的。我国推荐每日碘的摄入量成人为150微克，孕妇和哺乳期妇女为200微克，儿童为50～150微克。

锌

◆ 锌的生理功能

锌参与体内多种酶的合成，而许多酶参与脂肪、蛋白质和碳水化合物的代谢，因此锌在维持机体正常代谢中起着重要作用；锌还参与细胞内核酸及蛋白质

的合成，与生长发育密切相关。体内胶原和角蛋白的合成也必须有锌，因此锌对维持头发、皮肤的健康有重要作用。

锌对促进儿童生长，保持正常味觉，促进创伤愈合以及提高机体免疫功能均有重要作用。

◆ 锌的食物来源

锌的来源广泛，普遍存在于各种食物中，主要来自贝壳类海产品、红肉类、干果类、谷类胚芽、燕麦、花生、水果、蔬菜、奶糖和白面包等。

知识链接

锌的推荐摄入量

人体对于锌的需要量因生理条件而异，妊娠、哺乳和人体生长过程均可使需要量增加。我国营养学会推荐锌的每日膳食参考摄入量：0.5～1岁为8毫克；1～10岁为9～13.5毫克；11～14岁的男性为18～19毫克，11～14岁的女性为15毫克；成年男性为15.5毫克，成年女性为11.5毫克；孕妇早期为11.5毫克，孕中、晚期的孕妇再增加5毫克，哺乳期妇女再增加10毫克。

维生素

维生素，顾名思义是维持人体正常生理功能的必需要素，它们是一类小分子有机化合物，在人体内不能合成或合成的数量不能满足人体的需要，必须从食物中获得。虽然人体对维生素的需要量很小，但是对于人体的生理功能具有非常重

要的作用。在整个人类历史的发展过程中，维生素缺乏是引起人类疾病和死亡的重要原因之一。

维生素可分为脂溶性维生素和水溶性维生素两大类，前者有维生素A、维生素D、维生素E和维生素K，它们不溶于水而溶于脂肪以及有机溶剂，后者主要包括B族维生素和维生素C。

维生素A

维生素A可分为维生素A_1（即视黄醇）和维生素A_2（即3-脱氢视黄醇）。维生素A_1主要存在于海产鱼中，而维生素A_2主要在淡水鱼中。动物体内有已形成的维生素A，植物中不含已形成的维生素A，但是黄、绿、红色植物含类胡萝卜素，其中有一部分在体内可转变成维生素A，这些类胡萝卜素如α胡萝卜素、β胡萝卜素、γ胡萝卜素等。

富含维生素A的主要食物有动物的肝脏、鱼肝油、鱼卵、全奶、奶粉、奶油、蛋类。在许多植物性食物中含有维生素A原——类胡萝卜素，在人体内它可以转化为维生素A。富含胡萝卜素的食物有深绿色蔬菜或红黄色蔬菜和水果，如菠菜、韭菜、油菜、胡萝卜、小白菜、空心菜、香菜、荠菜、黄花菜、辣椒、莴苣、豌豆苗、茶叶、杏以及柿子等。

知识链接

维生素A的推荐摄入量

国际上以视黄醇当量为单位来反映维生素A或胡萝卜素的数量，即1微克视黄醇当量=1微克视黄醇=3.33U（国际单位），1微克维生素A=6微克β胡萝卜素（即摄

入6微克β胡萝卜素相当于1微克维生素A）。对不同年龄和生理状况下的每日推荐视黄醇当量：婴儿每日为400微克；1～4岁每日为500微克；4～7岁每日为600微克；14岁以上男性每日为800微克，14岁以上女性每日为700微克；成年人男性每日为800微克，成年人女性每日为700微克；孕妇孕中后期每日为900微克；哺乳期妇女每日为1200微克。维生素A的每日可耐受最高摄入量为：成年人3000微克，孕妇2400微克，儿童2000微克。

维生素D

维生素D主要存在于鱼肝油和动物内脏。动物性食品是非强化食品中天然维生素D的主要来源，如含脂肪高的海鱼和鱼卵、动物肝脏、蛋黄、奶油和奶酪中相对较多，而瘦肉、坚果、奶中含微量维生素D。人奶和牛奶是维生素D较差的来源，蔬菜、谷类及其制品和水果含有少量维生素D。

维生素D与钙、磷代谢关系密切，其主要生理作用是促进小肠对钙、磷的吸收；通过促进骨对矿物质的吸收，它也直接作用于骨钙化的过程；维生素D可促进肾脏对磷的代谢。

知识链接

维生素D的推荐摄入量

维生素D单位的定义是以"国际标准维生素D_3结晶0.025毫克的活性作为一个国际单位计量的，1毫克维生素D相当于40U（国际单位）"。

成年人维生素D的需要量因环境条件的不同，需要在食物中摄入的量也不同。户外活动很少的成人，推荐摄入量每日为5毫克，但预防骨质疏松和甲状旁腺功能亢进

则需要量要多一些。孕妇孕中晚期及哺乳期妇女加倍，50岁以后也加倍，婴儿至7岁每日为10毫克，11～17岁每日为5毫克。

维生素E

维生素E是所有具有α生育酚活性的生育酚和三烯生育酚及其衍生物的总称。维生素E是脂溶性维生素，在食物的加工、食用油的精炼以及面粉漂白过程中都会遭到破坏。

维生素E广泛存在于动物性和植物性食品中，植物油中维生素E含量较多。另外，大豆、牛奶及奶制品和蛋黄中也含有维生素E。许多因素都可影响食物中维生素E的含量，因而每一种食物都有相当大的含量变化或差异。

知识链接

维生素E的推荐摄入量

一个国际单位的维生素E，相当于1毫克全消旋α-生育酚乙酸酯的活性。每日维生素E的适宜摄入量，婴儿为3毫克，1～3岁为4毫克，4～6岁为5毫克，7～10岁为7毫克，11～17岁为10毫克，成年人为14毫克。孕妇和哺乳期妇女为14毫克。在多不饱和脂肪酸食用量大时，维生素E的需求量增高。

维生素K

维生素K与凝血有关，所以又称为凝血维生素。天然的维生素K有维生素K_1和维生素K_2两种。维生素K_1可从绿叶蔬菜中获得，维生素K_2由肠道细菌合成，临床上常用的维生素K_3（2-甲基-1,4萘醌）、维生素K_4（亚硫酸钠钾萘醌）是人工

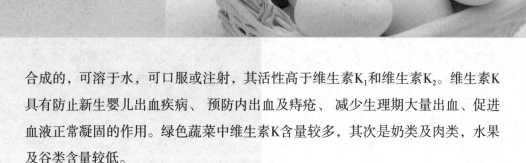

合成的，可溶于水，可口服或注射，其活性高于维生素K_1和维生素K_2。维生素K具有防止新生婴儿出血疾病、预防内出血及痔疮、减少生理期大量出血、促进血液正常凝固的作用。绿色蔬菜中维生素K含量较多，其次是奶类及肉类，水果及谷类含量较低。

　　成人因慢性胃肠疾患、控制饮食和长期服用抗生素药物时，可造成维生素K缺乏，发生凝血功能障碍。

知识链接

维生素K的参考摄入量

　　每100克绿叶蔬菜可提供50～800微克维生素K，显然是最好的食物来源。成人每天饮食参考摄入量为每天120微克。

维生素C

　　维生素C溶于水，由于铜离子（Cu2+）能促进维生素C的氧化，所以烹调蔬菜时，应尽量避免使用铜锅。在植物中，存在5种破坏维生素C的酶系统，它们是维生素C氧化酶、过氧化物酶、多酚氧化酶、细胞色素氧化酶和漆酶。这些酶系统在蔬菜中含量较高，特别是在黄瓜、白菜中，所以在蔬菜的储存过程中，维生素C往往都有不同程度的损失。

　　维生素C的主要功能：1. 参与羟化反应。羟化反应是体内许多重要物质合成或分解的必要步骤，在羟化过程中，必须有维生素C参与。2. 还原作用。维生素

C可以是氧化型，又可以还原型存在于体内，所以可作为供氢体，又可作为受氢体，在体内氧化还原过程中发挥重要作用。3. 解毒。体内补充大量的维生素C后，可以缓解铅、汞、镉、砷等重金属对机体的毒害作用。4. 预防癌症。维生素C可以阻断致癌物N-亚硝基化合物合成，预防癌症。5. 协同作用。维生素C和生育酚、还原型辅酶Ⅱ在体内可协同清除自由基。坚持按时服用维生素C还可以使皮肤黑色素沉着减少，从而减少黑斑和雀斑，使皮肤白皙。富含维生素C的食物有花菜、青辣椒、橙子、葡萄汁、西红柿等，可以说，在所有的蔬菜、水果中，维生素C含量都不少。

知识链接

维生素C的参考摄入量

我国居民每日维生素C的推荐摄入量：0～6个月为40毫克，6个月～1岁为50毫克，1～3岁为60毫克，4～6岁为70毫克，7～10岁为80毫克，11～13岁为90毫克，14～17岁为100毫克；成年人为100毫克，孕妇和哺乳期妇女为130毫克。

B族维生素

B族维生素包括维生素B_1、维生素B_2、维生素B_6、维生素B_{12}、烟酸、泛酸、叶酸等。这些B族维生素是推动体内代谢，把糖、脂肪、蛋白质等转化成热量时不可缺少的物质。如果缺少B族维生素，则细胞功能马上降低，引起代谢障碍，这时人体会出现怠滞和食欲不振。维生素B_{12}缺乏者常是老年人和酗酒者。

◆ 维生素B₁

维生素B₁能促进血液循环，能辅助盐酸制造、血流形成、糖类代谢，有助于人体感知，并使脑功能发挥到最佳状态，对热量代谢、生长、食欲、学习能力均起着积极的作用，能帮助人体抵抗衰老。维生素B₁主要存在于种子的外皮和胚芽中，如米糠和麸皮中含量很丰富，在酵母菌中含量也极丰富，瘦肉、白菜和芹菜中含量也较丰富。

知识链接

维生素B₁的参考摄入量

成人建议每日摄取量是1.0～1.5毫克，孕妇、哺乳期妇女每天摄取1.5～1.6毫克；在生病、精神压力大、接受手术时，要增加必要用量。

◆ 维生素B₂

维生素B₂参与碳水化合物、蛋白质、核酸和脂肪的代谢，可提高机体对蛋白质的利用率，促进生长发育；参与细胞的生长代谢，是机体组织代谢和修复的必需营养素；强化肝功能、调节肾上腺素的分泌；保护皮肤毛囊黏膜及皮脂腺的功能；增强视力。维生素B₂的欠缺会引起口腔、唇、皮肤、生殖器的炎症和功能障碍。如果孕妇缺乏维生素B₂，即使本人无任何症状，却有可能损害胎儿的健康。维生素B₂和维生素B₆合用对治疗腕骨综合症有一定作用。维生素B₂在奶类及其制品、动物肝脏与肾脏、蛋黄、鳝鱼、菠菜、胡萝卜、香菇、紫菜、茄子、鱼、芹菜、柑橘、橙等食物中含量丰富。

知识链接

维生素B₂的参考摄入量

成人建议每日摄取量是1.7毫克；孕妇需要1.6毫克；哺乳期妇女，头6个月要摄取1.8毫克，之后的6个月为1.7毫克；不常吃瘦肉和奶制品的人应当增加维生素B₂的摄取量；常处于精神压力大的人群请增加摄取量。

◆ 烟酸

烟酸也称作维生素B₃。烟酸在人体内转化为烟酰胺，烟酰胺是辅酶Ⅰ和辅酶Ⅱ的组成部分，参与体内脂质代谢，组织呼吸的氧化过程和糖类无氧分解的过程。烟酸能促进消化系统的健康，减轻胃肠障碍；使皮肤更健康；预防和缓解严重的偏头痛；促进血液循环，使血压下降；减轻腹泻现象。此外糖类、脂肪、蛋白质类代谢及盐酸制造也离不开烟酸。烟酸广泛存在于动植物食物中，良好的来源为动物肝、肾、瘦肉、全谷、豆类等，乳类、绿叶蔬菜中也有相当含量。烟酸除了直接从食物中摄取外，也可以在体内有色氨酸转化而来，平均约60毫克色氨酸转化1毫克烟酸。

知识链接

烟酸的参考摄入量

成人建议每日摄取量是13～15毫克；孕妇为20毫克；哺乳期妇女则为22毫克。

◆ 泛酸

　　泛酸也叫维生素B₅。泛酸的主要功能有：制造及更新身体组织；帮助伤口愈合；制造抗体，抵抗传染病 ；防止疲劳，帮助抗压；缓和多种抗生素副作用及毒素；舒缓恶心症状，对于维持肾上腺的正常机能非常重要；是脂肪和糖类转变成热量时不可缺少的物质。牛肉、啤酒酵母、蛋类、鱼类、新鲜蔬菜、动物肾脏、豆类、蘑菇、坚果、蜂王浆、咸水鱼、全黑麦面粉、全麦等中含有泛酸。

知识链接

泛酸的参考摄入量

　　我国居民每日泛酸的推荐摄入量：0～12个月为2～3毫克， 1～9岁为3～5毫克，10岁以上为4～7毫克，成年人为10毫克，孕妇和哺乳期妇女为5～9毫克。

◆ 维生素B₆

　　维生素B₆有利于盐酸合成及脂肪、蛋白质的吸收，协助维持身体内钠钾平衡，促进红细胞的形成，还有利于解决体内水分滞留带来的不便，帮助脑和免疫系统发挥正常的生理机能。控制细胞增长和分裂的DNA、RNA等遗传物质的合成也离不开维生素B₆。此外维生素B₆还可以活化体内的许多种酶，并有助于维生素B₁₂的吸收，增强机体免疫力。维生素B₆在治疗关节炎、过敏及哮喘上也有一定作用。下列食物中维生素B₆最丰富：啤酒酵母、胡萝卜、鸡肉、蛋、肉类、豌豆、葵花子、麦芽、菠菜、胡桃。

知识链接

维生素B₆的参考摄入量

我国居民每日维生素B_6的推荐摄入量：婴儿每日为0.3～0.6毫克；11岁以下儿童为1.0～1.4毫克；11岁以上男孩、女孩每日为1.4～2.0毫克；成年人男性每日为2.0毫克，成年人女性每日为1.6毫克；孕妇为2.2毫克；哺乳期妇女每日为2.1毫克。

◆ 维生素B_{12}

维生素B_{12}是神经系统功能健全不可缺少的维生素，参与神经组织中一种脂蛋白的形成；促进红细胞的发育和成熟，使机体造血功能处于正常状态，预防恶性贫血；以辅酶的形式存在，可以增加叶酸的利用率，促进碳水化合物、脂肪和蛋白质的代谢；具有活化氨基酸和促进核酸的生物合成的作用，它对婴幼儿的生长发育有重要作用。维生素B_{12}主要来源于动物肝肾脏、牛肉、猪肉、鸡肉、鱼类、蛤类、蛋类、牛奶、乳酪、乳制品、腐乳等。

知识链接

维生素B₁₂的参考摄入量

0～1岁婴儿每日摄入量为0.52～1.5微克；1～10岁儿童为2.0～3.0微克；11～18岁青少年为3.0微克；成人每日为3.0微克；孕妇和哺乳期妇女每日为4.0微克。

制作豆浆的配料 谷类

　　了解各类食物的营养素分布、含量和营养价值，可以帮助正确选择适当的食物和进行适当的食物搭配，从而保证摄取我们所需要的各类营养素。

　　谷类主要包括小麦、大米、玉米、小米、高粱、黍类等杂粮。其中以大米和小麦为主，在我国居民膳食中，50%～70%的热量、55%的蛋白质、一些无机盐及B族维生素来源于谷类。谷类在我国膳食构成比例中占49.7%，占有很重要的地位。

小米

 营养成分

　　小米，又名粟米，富含蛋白质、脂肪、膳食纤维、糖类、维生素B_1、维生素B_2以及钙、磷、铁等矿物质。小米的营养价值与大米相比，约高2~7倍，维生素B_1含量高1~4倍，维生素B_2含量高约1倍，铁的含量也高1倍。我国北方许多妇女在生育后，都有用小米加红糖来调养身体的传统。小米熬粥营养价值丰富，有"代参汤"之美称。

 养生功效

　　由于小米不需精制，保存了许多维生素和无机盐，小米中的色氨酸是所有谷物中含量较高的，而机体内色氨酸的含量和糖尿病之间有着紧密的联系，所以小米能够有效地补充糖尿病患者体内所缺乏的色氨酸。小米还含有丰富的淀粉，食后使人产生饱腹感，也可以促进胰岛素的分泌。

　　此外，适量食用小米可以缓解糖尿病患者因紧张等原因所带来的抑郁、压抑情绪。

　　中医认为，小米味甘咸，可起到清热解渴、健胃除湿、和胃安眠的效果。小米可以调养产妇虚寒的体质，有利于恢复体力，有滋阴养血的功效。小米能有效地防止血管硬化，还具有防止反胃、呕吐的功效。

 食用宜忌

- 烹调小米时不宜放碱。

- 小米不宜单独食用，可与大豆或肉类混合食用，因为小米的氨基酸中缺乏赖氨酸，而大豆和肉类的氨基酸中富含赖氨酸，可以补充小米缺乏赖氨酸的不足。

- 不要用自来水煮米，最好用开水。现在的自来水中一般加了氯气，对小米中的维生素B_1具有破坏作用。

- 小米不宜与杏仁同食，容易引起呕吐和泄泻。

玉米

营养成分

　　玉米又名苞米、苞谷。玉米的营养含量丰富，含有蛋白质、脂肪、淀粉、维生素A、维生素B_1、维生素B_2、维生素B_6、维生素E、胡萝卜素、膳食纤维素以及钙、磷、铁等营养元素。玉米虽然是粗粮，却是粗粮中的保健佳品，多食玉米对人体健康颇有益处。

 养生功效

玉米能够利尿止血，促进体内钠的排泄，能够缓解水肿及高血压。

玉米中含有丰富的不饱和脂肪酸，特别是亚油酸含量高达60%以上，它和玉米胚芽中维生素E协同作用，能有效降低血液胆固醇浓度，并防止其沉积于血管壁，能够有效地预防动脉硬化。

玉米有长寿、美容的作用，可使皮肤细嫩光滑，抑制、延缓皱纹产生，有效预防高血压和冠心病的发生。

玉米中所含的大量膳食纤维、维生素B_6和烟酸等成分，具有刺激胃肠蠕动、加速粪便排泄的特性，可防治便秘、肠炎、肠癌等。

玉米中含的硒和镁有防癌抗癌作用，硒能加速体内过氧化物的分解，使恶性肿瘤得不到分子氧的供应而受到抑制；镁一方面能抑制癌细胞的发展，另一方面能促使体内废物排出体外，对防癌也有重要意义。

食用宜忌

● 除了患有肝豆状核变性疾病的人外，玉米适宜于一切人食用。特别是那些长期食用精米精粉和精制食品的人，更应该食用一些玉米。

● 玉米发霉后易产生黄曲霉菌，多食有致癌作用，因此不宜食用发霉玉米。

● 玉米不宜与富含纤维素的食物经常搭配食用，因为玉米本身已含有较多的木质纤维素。

小麦

营养成分

小麦是小麦属植物的统称，是世界上总产量第二的粮食作物，仅次于玉米，而稻米则排名第三。每100克小麦粉中含水分12.7克、蛋白质11.2克、粗纤维2.1克、脂肪1.5克、碳水化合物71.5克、硫胺素0.28毫克、尼克酸2毫克、核黄素0.08毫克、钾190毫克、磷188毫克、锌1.64毫克、镁50毫克、铁3.5毫克、钠3毫克、钙3毫克、锰1.5毫克、硒5.36微克。此外还含糖、淀粉酶、蛋白分解酶、麦芽糖酶、卵磷脂、尿囊素等成分。小麦是人类的主食之一，磨成面粉后可制作面包、馒头、饼干、蛋糕、面条、油条、油饼、火烧等。

养生功效

小麦味甘，性凉，归心、脾、肾经，具有养心、益肾、除热、止渴的功效，用于脏燥、烦热、消渴、泄痢、痈肿、外伤出血、烫伤。小麦有镇痛及抗病毒作用，从小麦中提取的脂多糖静脉注射或灌胃，均可抑制醋酸引起的小鼠扭体反应，有显著的镇痛作用，脂多糖可激活巨噬细胞而发挥抗病毒作用，临床上对各种疱疹患者有效。

食用宜忌

● 心血不足的失眠多梦、心悸不安、多呵欠、喜悲伤欲哭，古称"妇人脏躁"者宜食小麦。

- 有脚气病、末梢神经炎患者宜食小麦。
- 虚自汗盗汗多汗者，宜食浮小麦。

薏米

 营养成分

薏苡仁也叫薏米，含有蛋白质、维生素B_1、维生素B_2、薏苡仁酯、豆甾醇、谷甾醇，还有钙、镁、磷、铁等矿物质和亮氨酸、精氨酸、赖氨酸等多种氨基酸。此外，薏米还含有丰富的水溶性纤维。

养生功效

薏米味甘淡，性微寒，归脾、胃、肺经。有学者研究发现：薏米水提取物能显著降低高血糖，可用于制成降糖保健品。

薏米有抗炎、镇静、抑制肿瘤细胞生长、增强免疫功能等作用。对风湿痹痛患者有良效。

薏米还是一种美容食品，经常食用可以保持人体皮肤光泽细腻，消除粉刺、雀斑、老年斑、妊娠斑、蝴蝶斑，对脱屑、痤疮、皲裂、皮肤粗糙等都有良好治疗作用。

经常食用薏米食品对慢性肠炎、消化不良等症也有效果。

薏米中含有丰富的B族维生素，对防治脚气病十分有益。

正常健康人常食薏米食品，既可化湿利尿，又能使体态轻盈，还可减少患癌的概率。

食用宜忌

- 适宜各种癌症患者、关节炎、急慢性肾炎水肿、癌性腹水、面浮肢肿、脚气病水肿者、疣赘、美容者、青年性扁平疣、寻常性赘疣、传染性软疣、青年粉刺疙瘩以及其他皮肤营养不良粗糙者；适宜肺痿、肺痈者食用。

- 阴虚、大便干结者不宜应用，阳虚寒盛者不宜单独使用。

- 因为薏苡仁会使身体冷虚，所以怀孕妇女及正值经期的妇女应该避免食用。

- 薏苡仁所含的糖类黏性较高，不宜吃太多，以免影响消化。

粳米

营养成分

粳米是大米的一种，其粥有"世间第一补"的美称。粳米的主要成分是蛋白质、淀粉、苹果酸、柠檬酸、葡萄糖、果糖、麦芽糖、磷等，含有大量碳水化合物，约占79%，是热量的主要来源，粳米含钙量比较少。

养生功效

粳米味甘淡，性平和，每日食用，是滋补之物。

　　粳米米糠层的粗纤维分子，有助胃肠蠕动，对胃病、便秘、痔疮等疗效很好；能提高人体免疫功能，促进血液循环，从而减少患高血压的机会；能预防糖尿病、脚气病、老年斑和便秘等疾病；粳米中的蛋白质、脂肪、维生素含量都比较多，多吃能降低胆固醇，减少心脏病发作和中风的几率；粳米可防过敏性疾病，因粳米所供养的红细胞生命力强，又无异体蛋白质进入血流，故能防止一些过敏性皮肤病的发生。

食用宜忌

- 适宜一切体虚之人食用。

- 适宜高热之人，或久病初愈，或产妇以及老年人、婴幼儿消化力减弱者，煮成稀粥调养食用。

- 糖尿病患者不宜过量食用。粳米含有丰富的碳水化合物，每100克米中含有75.5克，多食可以升高血糖，加重糖尿病的病情。

- 痰饮内盛者不宜食用，多食粳米能助湿生痰。

- 胃热患者不宜食用炒米，食后会加重胃热，影响病情。

- 米做成粥更易于消化吸收，但制作米粥时千万不要放碱，因为米是人体维生素B_1的重要来源，碱能破坏米中的维生素B_1，会导致维生素B_1缺乏，易患脚气病。

- 制作米饭时一定要"蒸"，不要"捞"，因为捞饭会损失掉大量维生素。

- 平时不宜多食精制后的细粮。

糯米

 营养成分

糯米为糯稻之种仁，它含有蛋白质、脂肪、糖类、钙、磷、铁、维生素B_1、维生素B_2、烟酸及淀粉等，营养丰富，为温补强壮食品。

养生功效

糯米性温，味甘，具有补中益气、健脾养胃、止虚汗的功效。适用于脾胃虚寒所致的反胃，食欲减少，泄泻和气虚引起的汗虚、气短无力、妊娠腹坠胀等症。

 食用宜忌

- 适宜体虚自汗、盗汗、多汗、血虚头晕眼花、脾虚腹泻之人食用。

- 适宜肺结核、神经衰弱、病后产后之人食用。

- 宜煮稀薄粥服食，不仅营养滋补，且极易消化吸收，养胃气。

- 有湿热痰火征象的患者或热体体质者，如：发热、咳嗽、痰黄稠，或黄疸、泌尿系统感染、胸闷、腹胀、筋骨关节发炎疼痛者不宜食用。

- 糖尿病患者不食或少食。

- 由于糯米极柔黏，难以消化，脾胃虚弱者不宜多食，老年人、儿童或患者更宜慎用。

- 糯米宜加热后食用，并且不宜一次食用过多。

- 糯米忌与酒同食，其容易令人酒醉难醒。

燕麦

 营养成分

燕麦，又名油麦、玉麦，属禾本科野生植物，是一种低糖、高营养、高热量食品。燕麦的脂肪含量居所有谷物之首，而且其脂肪主要由单一不饱和脂肪酸、亚麻油酸和次亚麻油酸所构成。它还含有人体所需的8种氨基酸与维生素E、淀粉、脂肪、蛋白质、叶酸、维生素B_1、维生素B_2，以及钙、磷、铁、锌、锰等多种矿物质与微量元素。燕麦营养价值极高，是名副其实的保健佳品。

养生功效

燕麦是补钙佳品，可预防骨质疏松、促进伤口愈合、预防贫血，这是其含有的钙、磷、锌等矿物质的功劳。

燕麦能改善血液循环、消除疲劳，也有利于胎儿的生长发育。

燕麦所含的丰富的纤维素有润肠通便的作用，能预防肠燥便秘。

燕麦含有的B族维生素和锌，可以有效地降低人体中的胆固醇，可对心脑血管疾病起到一定的预防作用。

食用宜忌

适宜产妇、婴幼儿、老年人，以及空勤、海勤人员食用；适宜慢性病患者、脂肪肝、糖尿病、水肿、习惯性便秘者食用；适宜体虚自汗、多汗、易汗、盗汗者食用；适宜高血压病、高脂血症、动脉硬化者食用。

- 不管是煮燕麦片粥，还是用燕麦打浆，都不要加食盐和糖。

- 燕麦虽然营养丰富，但一次不要吃得太多，否则可能造成胃痉挛或肠胀气。

- 食用燕麦片时，要避免长时间高温煮，以防止维生素被破坏，燕麦片煮的时间越长，其营养损失就越大。

- 燕麦不宜与白糖、黄豆、猪肉同食。

荞麦

 营养成分

荞麦，又名三角麦、乌麦，属蓼科植物。我国各地普遍栽培，尤以北方居多。荞麦面粉的蛋白质含量明显高于大米、小米、小麦、高粱、玉米面粉及糌粑。荞麦面粉含18种氨基酸，氨基酸的组分与豆类作物蛋白质氨基酸的组分相似。脂肪含量也高于大米、小麦面粉和糌粑。荞麦脂肪含9种脂肪酸，其中油酸和亚油酸含量最多，占脂肪酸总量的75%，还含有棕榈酸19%、亚麻酸4.8%等。荞麦还含有微量的钙、磷、铁、铜、锌和微量元素硒、硼、碘、镍、钴等及多种维生素（维生素B_1、维生素B_2、维生素C、维生素E、维生素PP、维生素P）。茎和叶含有芸香苷、槲皮素等黄酮类。种子含蛋白质、脂肪、B族维生素等。

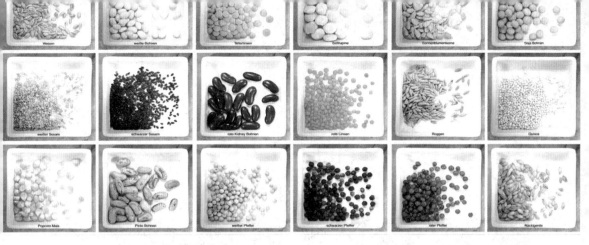

 养生功效

荞麦含有丰富的镁，可使血管扩张，促进人体纤维蛋白溶解，抑制凝血块的形成，从而起到抗血栓的作用，同时也利于降低血清胆固醇。

荞麦中含有的黄酮类成分，有抗菌、消炎、止咳、平喘、祛痰和降血糖的功效。

同时，荞麦还具有降低人体血脂和胆固醇、软化血管、保护视力和预防脑出血的作用。

食用宜忌

- 适宜夏季痧症和出黄汗者食用。

- 荞麦虽然好，但也不宜天天吃，否则易造成消化不良。

- 脾胃虚寒、消化功能差、经常腹泻的人不宜食用荞麦。

- 有过敏体质的人应慎食。

- 荞麦不宜与羊肉同食，荞麦味甘性平、寒，能降压止血、清热敛汗，而羊肉大热，功能与此相反，所以两者不宜同食。

- 荞麦不宜与猪肝同食，会影响消化，不利营养的吸收。

制作豆浆的配料 蔬菜与水果

　　蔬菜和水果在我国居民膳食中的食物构成比分别为33.7%和8.4%，是膳食的重要组成部分。

　　蔬菜和水果富含人体所必需的维生素、无机盐和膳食纤维。此外，由于蔬菜、水果中含有各种有机酸、芳香物质和色素等成分，使它们具有良好的感官性，对增进食欲、促进消化、丰富食品多样性具有重要意义。

山药

 营养成分

　　山药营养丰富，既可做主粮，又可做蔬菜。山药含有皂苷、黏液质、胆碱、淀粉、糖类、蛋白质和氨基酸、维生素C等营养成分以及多种微量元素，且含量较为丰富，具有滋补作用，为病后康复食补之佳品。山药含有丰富的维生素和矿物质，所含热量又相对较低，几乎不含脂肪，所以有很好的减肥健美的功效。

 养生功效

　　山药含有可溶性膳食纤维，能推迟胃内食物的排空时间，控制饭后血糖升高的速度。

　　山药含有黏蛋白，有降低血糖的功效，可用于治疗糖尿病，是糖尿病患者的食疗佳品。

　　山药含有淀粉酶、多酚氧化酶等物质，利于脾胃消化吸收功能，是平补脾胃的药食两用之品。不论脾阳亏或胃阴虚，皆可食用。临床上常用于治脾胃虚弱、食少体倦、泄泻等症。

　　山药含有多种营养素，有强健机体、滋肾益精的作用。大凡肾亏遗精、妇女白带多、小便频数等症，皆可服之。

　　山药含有皂苷、黏液质，有润滑、滋润作用，故可益肺气、养肺阴、治疗肺虚痰嗽久咳之症。

食用宜忌

- 适宜一切体虚、病后虚羸、脾胃气虚者食用；适宜长期腹泻、食欲不振、神疲倦怠、妇女脾虚带下者食用；适宜肺肾不足所致的虚劳咳喘、遗精盗汗、夜尿频多之人食用。

- 山药有收涩的作用，所以大便干燥者不宜食用。

- 女性食用山药过量会导致月经紊乱。

- 糖尿病患者食用不可过量。

- 山药不宜与鲫鱼同食。

胡萝卜

营养成分

　　胡萝卜营养丰富，每100克胡萝卜中，约含蛋白质0.6克、脂肪0.3克、糖类7.6～8.3克、钙19～32毫克、铁0.6毫克、维生素A原（胡萝卜素）1.35～17.25毫克、维生素$B_1$0.02～0.04毫克、维生素$B_2$0.04～0.05毫克、维生素C12毫克、热量150.7千焦，另含果胶、淀粉、无机盐和多种氨基酸。胡萝卜中胡萝卜的含量约为土豆的360倍、芹菜的36倍、苹果的45倍、柑橘的23倍，一般果蔬及粮食食物中含量都较少。各类品种中，尤以深橘红色胡萝卜素含量最高。

 养生功效

　　胡萝卜含有大量胡萝卜素，有补肝明目的作用，可治疗夜盲症。

　　胡萝卜含有植物纤维，吸水性强，在肠道中体积容易膨胀，是肠道中的"充盈物质"，可加强肠道的蠕动，从而利膈宽肠、通便防癌。

　　胡萝卜中的胡萝卜素转变成维生素A，有助于增强机体的免疫功能，在预防上皮细胞癌变的过程中具有重要作用。胡萝卜中的木质素也能提高机体免疫机制，间接消灭癌细胞。

　　胡萝卜还含有降糖物质，是糖尿病人的良好食品，其所含的某些成分；如懈皮素、山标酚能增加冠状动脉血流量、降低血脂、促进肾上腺素的合成，还有降压、强心作用，是高血压、冠心病患者的食疗佳品。

　食用宜忌

- 适宜癌症、高血压、夜盲症、干眼症患者、营养不良、食欲不振者、皮肤粗糙者食用。

- 胡萝卜忌与过多的酸醋同食，否则容易破坏其中的胡萝卜素。

- 胡萝卜与白萝卜不可同食。因为白萝卜中的维生素C含量极高，一旦与胡萝卜同煮，就会丧失殆尽，因为胡萝卜中的一种分解酶会将维生素C破坏掉。

黄瓜

 **营养成分**

　　黄瓜最初叫"胡瓜"。黄瓜的含水量为96%～98%，不但脆嫩清香，味道鲜美，而且营养丰富，富含蛋白质、糖类、维生素B_2、维生素C、维生素E、胡萝卜素、尼克酸、钙、磷、铁等营养成分，同时黄瓜还含有丙醇二酸、葫芦素、柔软的细纤维等成分，是难得的排毒保健食品。

养生功效

　　黄瓜是一种低脂、低糖、低热量的食物，其中的丙醇二酸能有效抑制糖类物质在体内转变成脂肪，这对防治糖尿病具有重要意义。黄瓜中所含的葡萄糖苷、果糖、甘露醇、木糖等不参与通常的糖代谢，所以糖尿患者食用黄瓜后，血糖不仅不会升高，而且还会有所降低。

　　黄瓜中含有许多纤维素，它可以促进大肠蠕动，因此食用黄瓜可以促使大便通畅。

　　鲜黄瓜中含有一种黄瓜酶，具有很强的生物活性，能有效地促进机体的新陈代谢，而且黄瓜中还含许多的维生素E，用黄瓜汁涂于脸部肌肤，可以达到滋润肌肤、去除皱纹、抗衰老的功效，尤其对于干燥的肌肤很有好处。

　　黄瓜所含维生素，对增强大脑和神经系统功能很有利，并能辅助治疗失眠症。

　　黄瓜中含有一种葫芦素C，这种物质具有明显的抗肿瘤作用。

食用宜忌

- 适宜炎夏酷暑季节，或热性病患者，身热口于烦渴者食用；适宜肥胖之人食用；适宜高血压病、高血脂症、水肿之人食用；适宜癌症患者食用。

- 黄瓜偏寒，脾胃虚寒、久病体虚者宜少吃。有肝病、心血管病、肠胃病以及高血压的人，不要吃腌黄瓜。

- 黄瓜尽量不要与蔬果一起食用，否则会影响人体对维生素C的吸收。

苹果

营养成分

苹果又名滔婆、林檎，为蔷薇科乔木植物，富含蛋白质、糖、钙、磷、铁、锌、钾、镁、硫、胡萝卜素、维生素B_1、维生素B_2、维生素C、烟酸、纤维素等营养素。苹果酸甜可口，老幼皆宜。

233

养生功效

苹果可中和过剩的胃酸，促进胆汁分泌，增加胆汁酸功能，所以能够有效治疗脾胃虚弱、消化不良等病症。

苹果中含有的鞣酸和有机酸可起到收敛作用；果胶、纤维可以吸收细菌和毒素，起到止泻的效果。此外，苹果中的粗纤维可使大便松软、排泄便利，同时，有机酸可刺激肠壁，增加蠕动，起到通便的效果。由此可见，苹果具有止泻、通便的双重作用，对轻度腹泻有良好的止泻效果，也可治疗大便秘结。

苹果中含有的刺激淋巴细胞分裂、增加淋巴细胞数量的物质，可诱生R型干扰素，它对防癌抗癌具有十分重要的意义。

 **食用宜忌**

- 适宜高血压患者食用，苹果能防止胆固醇增高；适宜饮酒之后食用，可起到解酒效果。

- 苹果虽有润肠的功效，但吃太多反而会减少肠蠕动，所以便秘的人不宜多吃。

- 饭后不宜马上吃苹果，因为饭后马上吃苹果不利于消化，还容易造成胀气；糖尿病患者更不宜在饭后吃苹果，否则血糖会急速升高。

- 苹果不宜与萝卜同食，容易诱发甲状腺肿大。

- 苹果不宜与水产品同食，苹果中含有鞣酸，与水产品同吃不仅妨碍对蛋白质的消化吸收，还容易引起恶心、呕吐和便秘。

香蕉

营养成分

香蕉是人们喜爱的水果之一，含有丰富的糖类、蛋白质、脂肪、钙、磷、铁、胡萝卜素、维生素B_1、维生素B_2、维生素C、粗纤维等营养成分，特别是含钾量较高。香蕉营养高、热量低，是相当好的营养食品，因为香蕉中的钾可以使人解除忧郁，所以被称为"快乐水果"。

养生功效

香蕉含膳食纤维、胡萝卜素、果胶等成分，是钾和维生素A的良好来源，有消炎、清热解毒、润肠通便、降压等功效。

香蕉性寒味甘，可清肠热、润肠通便，对于治疗热病烦渴、大便秘结等症有良好效果，是习惯性便秘患者的食疗佳品。

香蕉果肉中甲醇提取物的水溶性部分，能抑制细菌、真菌的传播，起到消炎解毒的效果。

香蕉中含有的血管紧张素转化酶抑制物质，能有效抑制血压升高，并对降低血压有辅助作用。据资料表明，连续一周每天吃两根香蕉，可使血压降低10%。

香蕉中果糖与葡萄糖的含量之比为1：1，这种天然的组成比例，决定了香蕉可有效治疗脂肪痢。

食用宜忌

- 适宜发热之人口干烦渴，咽干喉痛者食用；适宜大便干燥难解之人食用；适宜高血压患者食用；适宜上消化道溃疡之人食用；适宜肺结核之人顽固性干咳者食用；适宜饮酒过量而酒醒未解者食用。

- 胃酸过多者不宜食用香蕉，另外，胃痛、消化不良、腹泻者不宜多食。

- 肾炎、糖尿病患者不要吃太多的香蕉。

木瓜

 营养成分

　　木瓜，又名乳瓜、番瓜、文冠果，富含蛋白质、维生素、矿物质及高量酵素等，还含有木瓜蛋白酶、番木瓜碱等，其所含的维生素C含量是苹果的48倍。半个中等大小的木瓜足以维持成人整天所需的维生素C。

养生功效

　　木瓜中含有的木瓜蛋白酶，可以消化蛋白质和糖类，促进人体对食物的消化和吸收，还能分解脂肪、促进新陈代谢，有消食减肥的功效。

　　木瓜所含的木瓜酵素能促进肌肤代谢，帮助溶解毛孔中堆积的皮脂及老化角质，从而让皮肤变得光洁、柔嫩、细腻，经常食用可使皱纹减少，面色红润。

　　木瓜中含量丰富的木瓜酵素和维生素A可刺激女性激素分泌，助益乳腺发育，起到丰胸的效果，而且还有催奶的效果，乳汁缺乏的女性食用可增加乳汁。

　　木瓜含有的维生素C和胡萝卜素，有很强的抗氧化能力，能帮助机体修复组织、消除有毒物质、防治病毒，从而增强人体免疫力。

食用宜忌

　　● 适宜风湿筋骨痛、跌打扭挫伤，或暑湿伤人、吐泻交作、筋脉拘急（转筋），以及脚气之人食用。

- 体质虚弱以及脾胃虚寒者，忌冰冷后食用。

- 木瓜中番木瓜碱对人体有小毒，每次的食用量不宜过多，过敏体质者应慎食。

- 孕妇不能吃木瓜，容易引起子宫收缩性腹痛。

- 不要用铁、铅器皿装切好的木瓜，不然木瓜的颜色会发黑。

- 木瓜不宜与油炸物、胡萝卜同食。

- 患有小便淋涩疼痛之人忌食木瓜。

橘子

 营养成分

橘子的营养丰富，在每100克橘子果肉中，含蛋白质0.9克、脂肪0.1克、糖类12.8克、粗纤维0.4克、钙56毫克、磷15毫克、铁0.2毫克、胡萝卜素0.55毫克、维生素$B_1$0.08毫克、维生素$B_2$0.3毫克、烟酸0.3毫克、维生素C34毫克以及橘皮苷、柠檬酸、苹果酸、枸橼酸等营养物质。

 养生功效

橘子含丰富的类胡萝卜素，类胡萝卜素能提升糖尿病患者血液中类胡萝卜素的浓度，使肝功能正常，降低患动脉硬化的危险。

橘子富含维生素C与柠檬酸，前者具有美容作用，后者则具有消除疲劳的作用。

橘皮是一味理气、除燥、利湿、化痰、止咳、健脾、和胃的中药；刮去白色内层的橘皮表皮称为橘红，具有理肺气、祛痰、止咳的作用。

橘瓣上的筋膜称为橘络，具有通经络、消痰积的作用，可治疗胸闷肋痛、肋间神经痛等症。

橘子核可治疗腰痛、疝气痛等症；橘叶具有疏肝作用，可治肋痛及乳腺炎初起等症；橘肉具有开胃理气、止咳润肺的作用。常吃橘子，对治疗急慢性支气管炎、老年咳嗽气喘、津液不足、消化不良、伤酒烦渴、慢性胃病等有一定的效果。

食用宜忌

- 适宜急慢性气管炎咳嗽有痰之人食用；适宜不思饮食、消化不良者食用；适宜发热性疾病、口干口渴之人食用；适宜癌症患者食用。

- 多食易导致目赤、牙痛、痔疮，还可能引起皮肤黄斑等症。

- 风寒咳嗽、痰饮咳嗽者不宜食用橘子。

- 橘子不宜与螃蟹同食，易导致腹泻。

梨

 **营养成分**

梨又有"天然矿泉水"之称，含有蛋白质、脂肪、糖（葡萄糖、蔗糖）、粗纤维、钙、磷、铁等矿物质和维生素A、维生素B_1、维生素B_2、维生素C、烟酸等多种维生素，以及柠檬酸、苹果酸等有机酸。

 **养生功效**

梨中含有的果糖和葡萄糖等和多种维生素，易被人体吸收，具有保肝、助消化、促进食欲的作用。可用于高热时补充水分和营养，肝炎、肝硬化的患者可将梨作为辅助治疗食品。食梨还能抑制致癌物质亚硝胺的形成，从而对肝脏起到防癌抗癌的作用。

食用宜忌

- 咳嗽痰稠或无痰、咽喉发痒干疼者，慢性支气管炎、肺结核患者，高血压、心脏病、肝炎、肝硬化患者，饮酒后或宿醉未醒者尤其适合吃梨。

- 慢性肠炎、胃寒病、糖尿病患者忌食生梨；女性产后、小儿出痘者也不宜食生梨。

- 梨性寒凉，一次不要吃得过多，尤其是胃酸多者，夜尿频者，血虚、畏寒、腹泻、糖尿病、手脚发凉的患者不可多吃梨。

- 吃梨时不宜喝热水、食油腻食品，否则易导致腹泻。

- 梨与蟹、鹅肉、萝卜不能同食。

葡萄

 **营养成分**

葡萄除含水分外，还含有15%～30%碳水化合物（主要是葡萄糖、果糖和戊糖），各种有机酸（苹果酸、酒石酸以及少量的柠檬酸、琥珀酸、水杨酸等）和矿物质，以及各种维生素、氨基酸、蛋白质、粗纤维、钙、磷、铁、胡萝卜素、硫胺素、核黄素、尼克酸、抗坏血酸、卵磷脂等。

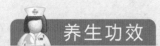 **养生功效**

葡萄中含有丰富的葡萄糖及多种维生素，对保护肝脏效果明显，有助于肝病患者降低氨基转移酶，补充维生素A和维生素D，帮助增强抵抗力。葡萄中还含有一种抗癌元素，可以防止健康细胞癌变，并能防止癌细胞扩散。

葡萄中含有的类黄酮是一种强力抗氧化剂，可抗衰老、清除体内自由基。

葡萄还可以增强造血功能，能帮助肝、肠、胃清除体内垃圾，很适合秋季用来养肝。

食用宜忌

● 肾炎、高血压、水肿患者，儿童、孕妇、贫血患者，神经衰弱、过度疲劳、体倦乏力、未老先衰者，肺虚咳嗽、盗汗者，风湿性关节炎、四肢筋骨疼痛者，癌症患者尤其适合食用葡萄。

● 糖尿病患者忌食葡萄，脾胃虚寒者也不宜多食，否则易泄泻，同时吃葡萄后不能立刻喝水，容易导致腹泻。

● 食用葡萄后4小时内不宜再吃水产品，以免鞣酸与水产品中的钙质形成难以吸收的物质，影响健康。

草莓

 营养成分

草莓富含氨基酸、果糖、蔗糖、葡萄糖、柠檬酸、苹果酸、果胶、胡萝卜素、维生素B_1、维生素B_2、维生素C、烟酸及矿物质钙、镁、磷、铁等。其中，维生素C的含量非常可观，每100克草莓维生素C的含量为50～100毫克，比苹果、葡萄要高10倍以上。

 **养生功效**

草莓中所含的胡萝卜素是合成维生素A的重要物质，具有养肝明目的作用。草莓中含有天冬氨酸，可以自然平和地清除体内的重金属离子，辅助肝脏解毒。草莓还能促进人体细胞的形成，维持组织正常功能和促进伤口愈合，促进抗体形成，增强人体抵抗力，避免肝脏受到病毒损害。

草莓中含有抗癌的异蛋白物质，能阻止合成致癌物质亚硝胺，还含有丰富的鞣酸，在体内可吸附和阻止致癌化学物质的吸收，具有预防肝癌的作用。

食用宜忌

● 适宜风热咳嗽、咽喉肿痛、声音嘶哑之人食用；适宜夏季烦热口干，或腹泻如水之人食用；适宜癌症患者，尤其是鼻咽癌、肺癌、喉癌之人食用。

● 尿路结石患者不宜多吃草莓，草莓中含有较多的草酸钙，容易使得尿路结石症状恶化。

● 草莓表面粗糙，易被病菌污染，容易沾有化肥、农药等有害物质，且污物不易洗去，食用前一定要仔细清洗干净，必要时须用0.01%高锰酸钾溶液浸泡消毒。

菠萝

 营养成分

菠萝果实营养丰富，果肉中除含有还原糖、蔗糖、蛋白质、粗纤维和有机酸外，还含有人体必需的维生素B$_1$、维生素B$_2$、维生素C、维生素E、胡萝卜素、硫胺素、尼克酸等维生素，以及易为人体吸收的钙、铁、镁等微量元素。其中尤以维生素C的含量为高。

 **养生功效**

菠萝富含维生素C，能增强机体的抗病毒能力，非常适合慢性肝炎患者食用。

菠萝还具有健脾、醒酒的功效，可辅助肝脏对酒精的解毒作用，还可降低血压、稀释血脂，从而预防脂肪沉积，避免体内过多脂肪对肝脏造成伤害。

此外，菠萝中所含的蛋白质分解酵素可以分解蛋白质及助消化，可缓解因食用过多肉类及油腻食物而给肝脏带来的压力。

食用宜忌

- 适宜伤暑、身热烦渴者食用；适宜高血压、支气管炎、消化不良者食用。

- 患有溃疡病、肾脏病、凝血功能障碍的患者应禁食菠萝；发烧及患有湿疹疥疮的患者也不宜多吃。

- 菠萝不宜直接吃，刚买的菠萝中含有刺激作用的苷类物质和菠萝蛋白酶，应去皮后用淡盐水浸泡，以除去苷类物质再吃。

- 菠萝与萝卜、牛奶、鸡蛋相克，不宜同时进食。

荔枝

营养成分

荔枝是果中佳品，与香蕉、菠萝、龙眼一同号称"南国四大果品"。荔枝营养丰富，含有丰富的糖分、蛋白质、脂肪、柠檬酸、果胶、粗纤维、维生素A、胡萝卜素、硫胺素、核黄素、尼克酸、维生素C，以及钙、磷、铁、镁、钾等元素，对人体健康十分有益。

养生功效

荔枝有强肝健胰、解毒消肿、促进食欲的效能，荔枝的果肉可补脾益肝、理气补血，荔枝核具有理气、散结的功效。

荔枝中丰富的维生素C和蛋白质，有助于增强机体免疫功能，提高肝脏的抗病能力；荔枝所含丰富的糖分具有补充肝脏热量、增加肝脏营养的作用，还可起到改善肝病引起的失眠症。

食用宜忌

- 适宜体质虚弱、病后津液不足、贫血之人食用；适宜脾虚腹泻，或老年人五更泄、胃寒疼痛、疝气痛者食用；适宜口臭之人食用。

- 糖尿病患者以及阴虚火旺、有上火症状的人不宜吃荔枝，以免加重症状。

- 由阴虚所致的咽喉干疼、牙龈肿痛、鼻出血等患者不宜吃荔枝。

- 荔枝不宜一次食用过多，荔枝中含有单宁、甲醇等，多食容易生内热，尤其是老人、小孩更不可吃得过多。

- 荔枝与黄瓜、胡萝卜、动物肝脏、萝卜相克，应避免同时进食。

西瓜

营养成分

西瓜堪称"瓜中之王"，不含脂肪和胆固醇，富含蛋白质、葡萄糖、蔗糖、果糖、苹果酸、瓜氨酸、谷氨酸、精氨酸、磷酸、内氨酸、丙酸、乙二醇、甜菜碱、腺嘌呤、胡萝卜素、西红柿素，及丰富的维生素A、B族维生素、维生素C等物质，是一种富有营养、纯净、安全的食品。

养生功效

西瓜中所含的配糖体具有降血压作用；所含的蛋白酶可把不溶性蛋白质转化为可溶性蛋白质，对肝炎患者非常适合，是天然的治肝炎的食疗"良药"。西瓜汁对于抑制人体吸收酒精有很大的作用，可减少酒精进入血液的数量，西瓜还有明显的利尿作用，可促进体内酒精更快地排出体外，可提高肝脏的解酒能力，有助于预防酒精性肝病。吃西瓜后尿量会明显增加，这可以减少胆色素的含量，并可使大便通畅，对治疗黄疸也有一定作用。

食用宜忌

- 适宜高血压、急慢性肾炎或肾盂肾炎、黄疸肝炎、胆囊炎，以及水肿之人食用。

- 西瓜性寒，凡脾胃虚寒，如面色苍白、容易出汗、饮食量少、怕冷、偶食寒凉或油腻食物后大便溏泄者，以及寒积腹痛、小便频数、小便量多和平常有慢性肠炎、胃炎及十二指肠溃疡等虚冷体质症状的患者均不宜多吃西瓜，以免加重症状。

- 糖尿病患者少食，建议两餐中食用。

- 老年体弱者及婴幼儿也应慎食西瓜，尤其不宜食冰镇的西瓜，慢性支气管炎、支气管哮喘患者，也不宜食用冰镇的西瓜，以免诱发疾病。

- 产妇的体质比较虚弱，西瓜属寒性，吃多了会导致过寒而损伤脾胃。

- 西瓜不宜与羊肉同食，否则会降低食物的效用。

山楂

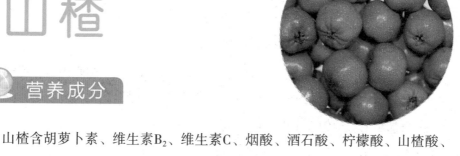

营养成分

山楂含胡萝卜素、维生素B_2、维生素C、烟酸、酒石酸、柠檬酸、山楂酸、苹果酸、脂酶等，还含有黄铜类（黄酮类多聚黄烷、三聚黄烷、鞣质等多种化学成分）、糖类、蛋白质、脂肪和钙、磷、铁等矿物质。山楂富含多种有机酸，能保持维生素C，即使在加热的情况下，也不致被破坏。

养生功效

山楂含有熊果酸，能降低动物脂肪在血管壁上的沉积，所含解脂酶能促进脂肪分解，同时富含多种有机酸可提高蛋白分解酶的活性，使肉食易被消化，因此山楂有养肝去脂的功效，可用来辅助治疗脂肪肝。

　　山楂中含有的牡荆素等化合物具有抗癌作用，另外山楂所含的黄酮类和维生素C、胡萝卜素等物质能增强机体的免疫力，有抗癌的作用，常食用山楂有利于预防肝癌。

　　山楂中果胶含量居所有水果之首，有防辐射的作用，还可去除细菌、毒素，可防止肝脏受到病毒、细菌的侵害。

 食用宜忌

- 适宜妇女月经过期不来，或产后瘀血腹痛、恶露不尽者食用。
- 孕妇不宜吃山楂，以免刺激子宫收缩诱发流产。
- 血脂过低的人不宜吃山楂，山楂具有降血脂的作用，会引起不良效果。
- 儿童、病后体虚及牙病患者也不宜食用山楂。
- 山楂不宜与人参等补药同食。
- 山楂不能空腹吃，以免增强饥饿感，若患有胃病，空腹吃山楂则可能加重病情。山楂还不宜生吃，否则容易形成胃石，难以消化，尤其是胃肠功能弱的患者更应慎食生山楂。
- 山楂与海鲜、柠檬相克，不宜同食。

红枣

营养成分

　　红枣中含有较多的蛋白质、氨基酸、脂肪、糖类、有机酸、胡萝卜素、维生

素A、B族维生素、维生素C、维生素P，以及微量元素钙、磷、铁、镁、铝和环磷酸腺苷等营养成分。其中维生素C的含量在果品中名列前茅，有"维生素王"的美称。

养生功效

红枣能提高人体免疫力，并可抑制癌细胞。药理研究发现，红枣能促进白细胞的生成，降低血清胆固醇，提高血清白蛋白，保护肝脏，红枣中还含有抑制癌细胞，甚至可使癌细胞向正常细胞转化的物质。

红枣中富含钙和铁，它们对防治骨质疏松，产后贫血有重要作用。中老年人更年期经常会骨质疏松，正在生长发育高峰的青少年和女性容易发生贫血，红枣对他们会有十分理想的食疗作用。

红枣所含的芦丁，是一种使血管软化，从而使血压降低的物质，对高血压病有防治功效。

红枣还可以抗过敏、除腥臭怪味、宁心安神、益智健脑、增强食欲。 红枣可治过敏性紫癜，每天吃3次，每次吃10枚，一般3天见效。

食用宜忌

● 虚食少、脾虚便溏、气血不足、营养不良、心慌失眠、神经衰弱者宜食红枣。

● 湿热重、舌苔黄的人不宜食用红枣。

● 月经期间有眼肿或脚肿、腹胀现象的女性也不适合吃红枣，否则会加重水肿的情况。体质燥热的女性同样不适宜在经期吃红枣，以免造成经量过多。

● 糖尿病患者不宜多吃红枣，红枣含糖量较高，容易影响病情。

● 红枣与虾皮、海鲜相克，搭配前者同食易引起中毒，搭配后者同食则易患寒热病。

猕猴桃

营养成分

　　猕猴桃的营养价值非常高，除含有较丰富的碳水化合物、蛋白质、糖类、脂肪、粗纤维和微量元素，以及钙、磷、铁等矿物质外，猕猴桃还含有丰富的维生素C、维生素A，叶酸的含量也较高，此外还含有多种氨基酸。

养生功效

　　猕猴桃中富含的膳食纤维，不仅能降低胆固醇及三酰甘油的水平，且可帮助机体快速清除并预防体内堆积有毒代谢物，具有预防脂肪肝以及提高肝脏解毒功能的作用。

　　猕猴桃含有抗突变成分谷胱甘肽，有利于抑制癌症基因的突变，对肝癌的癌细胞病变有抑制作用，猕猴桃中富含的维生素C能够有效抑制体内的硝化反应，也可预防肝癌发生。

　　猕猴桃中含有的血清促进素具有稳定情绪、镇静心情的作用，另外它所含的天然肌醇，能帮助减缓忧郁情绪，因此具有疏肝理气的作用。

食用宜忌

● 适宜癌症患者，尤其是胃癌、食道癌、鼻咽癌、肺癌、乳房癌，以及放疗、化疗后食用；适宜高血压病、冠心病等心血管疾病之人食用；适宜肝炎、关节炎、尿道结石之人食用；适宜食欲不振、消化不良之人食用；适宜航空、航海、高原、矿井等特种工作人员和老弱病人食用。

- 猕猴桃不适合脾虚便溏、风寒感冒、疟疾、慢性胃炎、痛经、闭经、小儿腹泻的患者食用；经常性腹泻和尿频的患者也不宜食用；月经过多和先兆流产的患者也应忌食。

- 儿童不宜过多食用猕猴桃，以免引起过敏反应。

- 食用猕猴桃后不宜立即饮用牛奶，否则容易结块，影响消化吸收。

- 猕猴桃与黄瓜、胡萝卜、萝卜、动物肝脏相克，不宜同食。

花生

营养成分

花生长于滋养补益，有助于延年益寿，所以民间又称"长生果"，并且和黄豆一样被誉为"植物肉"、"素中之荤"。花生的营养价值比粮食高，可与鸡蛋、牛奶、肉类等一些动物性食物媲美。它含有大量的蛋白质和脂肪，特别是不饱和脂肪酸的含量很高，很适宜制造各种营养食品。

每100克花生含蛋白质19.6克、脂肪69克、糖类5.4克、粗纤维1.1克、灰分1.9克、钙43毫克、胡萝卜素0.16毫克、硫胺素0.3毫克、核黄素0.16毫克、尼克酸1.7毫克、钾536毫克，以及丰富的氨基酸等营养物质。

养生功效

花生含有维生素E和一定量的锌，能增强记忆，抗老化，延缓脑功能衰退，滋润皮肤。

花生中的维生素K有止血作用，花生红衣的止血作用比花生高出50倍，对多种血性疾病有良好的止血功效。

花生纤维组织中的可溶性纤维被人体消化吸收时，会像海绵一样吸收液体和其他物质，然后膨胀成胶带体随粪便排出体外，从而降低有害物质在体内的积存和所产生的毒性作用，减少肠癌发生的机会。

食用宜忌

- 适宜妇女产后乳汁缺少者食用。
- 花生含油脂多，消化时需要多耗胆汁，故胆病患者不宜食用。
- 花生能增进血凝，促进血栓形成，故患血黏度高或有血栓的人不宜食用。
- 体寒湿滞及肠滑便泄者不宜食用。
- 内热上火者不宜食用，因花生能使口腔炎、舌炎、唇疱疹、鼻出血等更加重而长久不愈。
- 对于肠胃虚弱者，花生不宜与黄瓜、螃蟹同食，否则易导致腹泻。

莲子

 营养成分

莲子又名莲宝、莲米、藕实、水芝、丹泽芝、莲蓬子、水笠子。古人认为经常服食，百病可祛，因它"享清芳之气，得稼穑之味，乃脾之果也"，是常见的滋补之品，有很好的滋补作用。

每100克干莲子的可食部分含蛋白质17.20克、脂肪2.00克、糖类64.20克、膳食纤维3克、硫胺素0.16毫克、核黄素0.08毫克、尼克酸4.20毫克、维生素C5毫克、维生素E2.71毫克、钙97毫克、磷550毫克、钠5.10毫克、镁242毫克、铁3.60毫克、锌2.78毫克、硒3.36微克、铜1.33毫克、锰8.23毫克、钾846毫克。

养生功效

莲子鲜者甘、平涩、无毒；干者甘、温涩、无毒，归心、脾、肾。莲子具有清心醒脾、补中养神、健脾开胃、止泻固精、益肾止带功效。莲子心苦、寒、无毒，入心、肾，清心火，沟通心肾。莲子善于补五脏不足，通利十二经脉气血，使气血畅而不腐。莲子心味道极苦，却有显著的强心作用，能扩张外周血管、降低血压。莲心碱则有较强抗钙及抗心律不齐的作用。

莲子所含非结晶形生物碱N-9有降血压作用；所含氧化黄心树宁碱对鼻咽癌有抑制作用。

莲子心有很好的祛心火的功效，可以治疗口舌生疮，并有助于睡眠；所含生物碱具有显著的强心作用。

食用宜忌

- 适宜体质虚弱、心慌、失眠多梦、遗精者食用；适宜脾气虚、慢性腹泻之人食用；适宜妇女脾肾亏虚的白带过多之人食用；适宜同其他健脾益气食品，诸如山药、芡实、扁豆、薏米、菱实等一同食用更好。

- 平素大便干结难解，或腹部胀满之人忌食。

柠檬

营养成分

柠檬是世界上有药用价值的水果之一，它富含维生素C、糖类、钙、磷、铁、维生素B$_1$、维生素B$_2$、烟酸、奎宁酸、柠檬酸、苹果酸、橙皮苷、柚皮苷、香豆精、高量钾元素和低量钠元素等，对人体十分有益。

养生功效

柠檬富有香气，能祛除肉类、水产的腥膻之气，并能使肉质更加细嫩，柠檬还能促进胃中蛋白分解酶的分泌，增加胃肠蠕动，柠檬在西方人日常生活中经常被用来制作冷盘凉菜及腌食等。

柠檬汁中含有大量柠檬酸盐，能够抑制钙盐结晶，从而阻止肾结石形成，甚至已成之结石也可被溶解掉，所以食用柠檬能防治肾结石，使部分慢性肾结石患者的结石减少、变小。

吃柠檬还可以防治心血管疾病，能缓解钙离子促使血液凝固的作用，可预防和治疗高血压和心肌梗死，柠檬酸有收缩、增固毛细血管，降低通透性，提高凝血功能及血小板数量的作用，可缩短凝血时间和出血时间31% ~ 71%，具有止血作用。

鲜柠檬维生素含量极为丰富，是美容的天然佳品，能防止和消除皮肤色素沉着，具有美白作用。

柠檬生食还具有良好的安胎止呕作用，因此柠檬是适合女性的水果。

柠檬含有烟酸和丰富的有机酸，其味极酸，柠檬酸汁有很强的杀菌作用，对食品卫生很有好处，实验显示，酸度极强的柠檬汁在15分钟内可把海贝壳内所有的细菌杀死。

食用宜忌

- 适宜暑热口干烦渴、消化不良、呃逆之人食用。

- 适宜孕妇或胎动不安时食用。

- 胃溃疡、胃酸分泌过多，患有龋病（龋齿）者和糖尿病患者慎食。

桃子

 营养成分

桃子又名桃、桃实等。桃肉含有丰富的果糖、葡萄糖、有机酸、挥发油、蛋白质、胡萝卜素、维生素C、钙、铁、镁、钾、粗纤维等成分，具有强身健体、益肤悦色的作用。

 **养生功效**

桃有补益气血、养阴生津的作用，可用于大病之后，气血亏虚、面黄肌瘦、心悸气短者。

桃的含铁量较高，是缺铁性贫血病人的理想辅助食物。

桃含钾多，含钠少，适合水肿患者食用。

桃仁有活血化瘀、润肠通便作用，可用于闭经、跌打损伤等辅助治疗。

桃仁提取物有抗凝血作用，并能抑制咳嗽中枢而止咳，同时能使血压下降，可用于高血压病人的辅助治疗。

食用宜忌

● 适宜低血糖之人，以及口干饥渴的时候食用；适合老年体虚、肠燥便秘者、身体瘦弱、阳虚肾亏者食用。

● 患有糖尿病，血糖过高者忌食。

● 烂桃切不可食，否则有损健康。俗话说："宁吃鲜桃一口，不吃烂桃一筐。"

杏子

 营养成分

　　杏子以果实早熟、色泽鲜艳、果肉多汁、风味甜美、酸甜适口为特色，其果实营养丰富，含有多种有机成分和人体所必需的维生素及无机盐类，是一种营养价值较高的水果。现代营养学及药理学研究认为，杏子是维生素B_{17}含量最丰富的果品，而维生素B_{17}是极有效的抗癌物质，并且只对癌细胞有杀灭作用，对正常细胞的健康组织无毒性。杏仁的营养更丰富，含蛋白质23%～27%、粗脂肪50%～60%、碳水化合物10%，还含有磷、铁、钾等无机盐类及多种维生素，是滋补佳品。

养生功效

　　杏子含柠檬酸、苹果酸等，具有生津止渴的作用，故可用于治疗咽干烦渴之症；含苦杏仁苷，其具有较强的镇咳化痰作用，可用于治疗各种急慢性咳嗽；含有杏仁油，能促进胃肠的蠕动，减少粪便与肠道的摩擦，可用于治疗大便秘结；杏子中的维生素C、儿茶酚、黄酮类以及苦杏仁苷等在人体内具有直接或间接的抑制癌细胞作用，能够防癌和抗癌；维生素A原含量十分丰富，有保护视力、预防痼疾的作用；含有多种营养物质，可补充人体营养需要，提高机体的抗病能力。

食用宜忌

● 适宜急慢性气管炎咳嗽之人食用；适宜肺癌、鼻咽癌、乳腺癌患者及放化疗后食用；杏子宜成熟后食用。

● 产妇、幼儿和糖尿病患者忌食。

芝麻

 营养成分

据测定，芝麻含有多种营养物质，每100克芝麻含蛋白质21.9克、脂肪61.7克、钙564毫克、磷368毫克，特别是铁的含量极高，每100克可高达50毫克。芝麻还含有膳食纤维、维生素B_4、维生素B_2、尼克酸、维生素E、卵磷脂、铁、镁等营养成分。

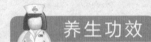 **养生功效**

芝麻味甘，性平，入肝、肾、肺、脾经，具有补肝肾、润五脏功效。用于肝肾精血不足的眩晕、须发早白、腰膝酸软、步履艰难、肠燥便秘等症。

芝麻中含有丰富的维生素E，能防止过氧化脂质对皮肤的危害，抵消或中和细胞内有害物质游离基的积聚，可使皮肤白皙润泽，并能防止各种皮肤炎症。

芝麻还具有养血的功效，可以治疗皮肤干枯、粗糙，令皮肤细腻光滑、红润光泽。

食用宜忌

● 适宜肝肾不足所致的眩晕、眼花、视物不清、腰酸腿软、耳鸣耳聋、发枯发落、头发早白之人食用。

● 适宜妇女产后乳汁缺乏者食用。

● 适宜身体虚弱、贫血、高脂血症、高血压病、老年哮喘、肺结核，以及荨麻疹、习惯性便秘者食用。

● 患有慢性肠炎、便溏腹泻者忌食；根据前人经验，男子阳痿、遗精者忌食。

樱桃

 营养成分

樱桃，号称"百果第一枝"，果实虽小，但色泽红艳光洁，果实鲜美。此外，樱桃鲜果中含有丰富的糖分、蛋白质、钙、铁、胡萝卜素、维生素C，其中每100克樱桃中含铁量多达5.9毫克，比同量的苹果、橘子、梨要高20倍以上，居于水果首位。

 养生功效

樱桃含铁量高，位于各种水果之首。铁是合成人体血红蛋白、肌红蛋白的原料，在人体免疫、蛋白质合成及热量代谢等过程中，发挥着重要的作用，同时也与大脑及神经功能、衰老过程等有着密切关系。常食樱桃可补充体内对铁元素量的需求，促进血红蛋白再生，既可防治缺铁性贫血，又可增强体质、健脑益智。

麻疹流行时，给小儿饮用樱桃汁能够预防感染。同时樱桃核具有发汗透疹解毒的作用。

樱桃性温热，兼具补中益气之功，能祛风除湿，对风湿腰腿疼痛有良效。樱桃树根还具有很强的驱虫、杀虫作用，可驱杀蛔虫、蛲虫、绦虫等。

民间经验表明，樱桃可以治疗烧烫伤，起到收敛止痛、防止伤处起泡化脓的作用。同时樱桃还能治疗轻、重度冻伤。

樱桃营养丰富，常用樱桃汁涂擦面部及皱纹处，能使面部皮肤红润嫩白，去皱消斑。

食用宜忌

- 适宜消化不良、饮食不香者食用；适宜瘫痪、四肢不仁、风湿腰腿痛之人食用。

- 适宜预防和治疗小儿麻疹者食用；樱桃水尤适宜小儿闷疹，即小儿麻疹透发不出者。

- 有溃疡症状者、上火者慎食；糖尿病患者忌食。

- 樱桃核仁含氰苷，水解后产生氢氰酸，药用时应小心中毒。

榛子

营养成分

　　榛子果形似栗子，外壳坚硬，果仁肥白而圆，有香气，含油脂量很大，吃起来特别香美，余味绵绵。因此，成为最受人们欢迎的坚果类食品，有"坚果之王"的称呼，与扁桃、胡桃、腰果并称为"四大坚果"。榛子营养丰富，果仁中除含有蛋白质、脂肪、糖类外，胡萝卜素、维生素B_1、维生素B_2、维生素E外，还含有人体所需的8种氨基酸，其含量远远高过核桃；榛子中各种微量元素如钙、磷、铁含量也高于其他坚果。

 **养生功效**

榛子的维生素E含量高达36%，能有效地延缓衰老、防治血管硬化、润泽肌肤的功效。

榛子里包含着抗癌化学成分紫杉酚，可以治疗卵巢癌和乳腺癌以及其他一些癌症，可延长病人的生命期。

榛子中镁、钙和钾等微量元素的含量很高，长期使用有助于调整血压。

榛子含有β–谷甾醇，天然植物甾醇对人体具有重要的生理活性作用，能够抑制人体对胆固醇的吸收，促进胆固醇降解代谢，抑制胆固醇的生化合成，对冠心病、动脉粥样硬化、溃疡、皮肤鳞癌、宫颈癌等有显著的预防和治疗效果，有较强的抗炎作用，还可以作为胆结石形成的阻止剂。此外，天然植物甾醇对皮肤有温和的渗透性，可以保持皮肤表面水分，促进皮肤新陈代谢，抑制皮肤炎症、老化，防止日晒红斑，还有生发养发之功效。

食用宜忌

- 适宜脾胃气虚、腹泻便溏之人食用。

- 适宜胃口不开、食少乏力、慢性痢疾之人食用。

- 存放时间较长后不宜食用。

- 榛子含有丰富的油脂，胆功能严重不良者应慎食，每次食用20粒为宜。

白果

营养成分

　　白果又称银杏、公孙树子，是营养丰富的高级滋补品，含有粗蛋白、粗脂肪、还原糖、核蛋白、矿物质、粗纤维及多种维生素等成份。据测定：每100克鲜白果中含蛋白质13.2克、碳水化合物72.6克、脂肪1.3克，且含有维生素C、核黄素、胡萝卜素、及钙、磷、铁、硒、钾、镁等多种微量元素和8种氨基酸，具有很高的食用价值、药用价值、保健价值，对人类健康有神奇的功效。明清以来都列为食疗佳品。

养生功效

　　白果中除含有丰富的营养成分，还含有银杏酸、氢化白果酸、氢化白果亚酸、银杏醇、白果酚、五碳多糖等。我国中医古书一直将白果列为重要药材，白果酸能抑制皮肤真菌，并对葡萄球菌、链球菌、白喉杆菌、炭瘟杆苗、枯草杆菌、大肠埃希菌、伤寒杆菌等都有不同程度的抑制作用。将鲜白果捣烂，调成浆乳状，涂抹患处，可治酒刺、头面癣疮、酒渣鼻等疾。从鲜白果中提取出来的白果酚甲，有降压作用，并且使血管的渗透性增加。

　　临床试验证明，经常食用白果，可治高血压、止白带、咳嗽发热、心脑血管、呼吸系统、皮肤病、牙痛等疾病，还有清热扰菌、温肺益气、扩张血管、增加血流量、定痰喘、祛皱纹、防衰老、润音喉、健身美容、延年益寿等功效。

食用宜忌

- 适宜肺结核咳嗽、老年人虚弱哮喘者食用。

- 适宜妇女体虚白带，中老年人遗精白浊、小便频数，小儿遗尿者食用。

- 宜炒熟或蒸熟后食用。

- 白果有小毒，不宜多食常食；5岁以下幼儿忌食白果。

栗子

营养成分

　　栗子又名瑰栗、风栗、毛栗、板栗，栗子的维生素B_1、维生素B_2含量丰富，维生素B_2的含量至少是大米的4倍，每100克还含有24毫克维生素C，这是粮食所不能比拟的。栗子所含的矿物质也很全面，有钾、镁、铁、锌、锰等，虽然达不到榛子、瓜子那么高的含量，但仍然比苹果、梨等普通水果高得多，尤其是含钾突出，比号称富含钾的苹果还高4倍。因此，栗子历来就有"千果之王"的美称，在国际上被誉为"人参果"。

养生功效

栗子是碳水化合物含量较高的干果品种，能供给人体较多的热能，并能帮助脂肪代谢，保证机体基本营养物质供应，有"铁杆庄稼"、"木本粮食"之称，具有益气健脾、厚补胃肠的作用。

栗子中含有丰富的不饱和脂肪酸、多种维生素和矿物质，可有效地预防和治疗高血压、冠心病、动脉硬化等心血管疾病，有益于人体健康。

栗子含有丰富的维生素C，能够维持牙齿、骨骼、血管肌肉的正常功用，可以预防和治疗骨质疏松、腰腿酸软、筋骨疼痛、乏力等，还能延缓人体衰老，是中老年人理想的保健果品。

栗子含有核黄素，常吃栗子对日久难愈的小儿口舌生疮和成人口腔溃疡有益。

食用宜忌

- 适宜老人肾虚者食用，对中老年人腰酸腰痛、腿脚无力，小便频多者尤宜。

- 栗子难以消化，故一次切忌食之过多，否则会引起胃脘饱胀；婴幼儿、脾胃虚弱、消化不良者、患有风湿病的人不宜多食；糖尿病患者忌食。

- 新鲜栗子容易变质霉烂，吃了发霉栗子会中毒，因此变质的栗子不能吃。

附 录
有关豆浆的问题

豆浆有营养，喝豆浆、制作豆浆已成了人们生活中不可缺少的一部分。不过，关于豆浆的知识，您了解多少？还有哪些疑问？

 选 豆

问：制作豆浆时，豆和水的最佳比例是多少？

答：按照《中国居民膳食指南》的标准，每人每天应该摄入30~50克豆类，除去每日吃的豆腐量，制作豆浆的豆子用10~20克即可。20克豆子一般要用400毫升水。

问：绿豆、黄豆、红小豆、黑豆都可以拿来打豆浆吗？

答：黄豆、黑豆这些含一定脂肪的豆类制作出来的是豆浆，而绿豆、红小豆制作出来的是豆沙，两者口感不一样。

问：制作蔬菜、水果豆浆可以吗？

答：不是所有的蔬菜、水果都可以加到豆浆中去的。豆浆遇酸会沉淀，所以像西红柿等一些酸性的蔬菜水果都不宜加到豆浆中。

 泡 豆

问：打干豆是否影响吸收？

答：豆子之所以要泡一下，主要基于以下两点考虑：一是蛋白质吸水后会更均匀，口感细腻；二是豆子中的单宁、植酸等抗营养物质会阻碍矿物质的吸收，

浸泡能使这些抗营养物质溶出。所以在制作豆浆前，豆子还是应尽量泡一下。

问：泡豆子时出来很多泡泡，代表豆子已经坏了吗？

答：泡豆子时出现泡泡或者白沫，是因为豆子中含有的皂苷是一种活性成分，它遇水后会溶出。这时如果没闻到异味，还是可以制作豆浆的。夏天泡豆子最好放入冰箱。

问：豆子泡出了芽还可以制作豆浆吗？

答：可以制作豆浆。豆子出芽的过程，并没有产生毒素，反而会生出更多的有益物质。

问：泡豆子的水温多少合适？

答：用和室内温度等同的水浸泡，更有利于豆子的软化。水温过高，容易将豆子表皮的活性物质破坏；直接用凉水浸泡的话，时间要延长一些。

问：泡豆会产生致癌物黄曲霉毒素吗？

答：黄曲霉毒素是在种子类食品受潮时滋生的，在有一定水分同时氧气充足的情况下才会产生。如果把食品泡在水里，氧气不足，它们就很难繁殖起来。所以泡豆子不可能长出黄曲霉毒素来。买大豆的时候，要注意大豆的干燥程度，储藏中也要避免让它受潮。

营 养

问：豆浆、牛奶、奶粉哪个更有营养？

答：奶粉是牛奶经过加工后制成的干燥食品，易于保存。但奶粉在干燥过程中，会有一些营养素被破坏，奶粉中的维生素B_1只有牛奶的一半，维生素B_2只有牛奶的70%，烟酸为牛奶的45%，铁含量只有牛奶的一半，而牛奶中含有的维生素C在奶粉中已全部消失。因此，奶粉的营养不如牛奶。

　　豆浆与牛奶相比，其蛋白质含量与牛奶相近，但维生素B$_2$只有牛奶的1/3，烟酸、维生素A、维生素C的含量则为零，铁的含量虽然较高，但不易被人体吸收，钙的含量只有牛奶的一半；从氨基酸的营养含量来看，豆浆也稍低于牛奶。一千卡热量的牛奶中有188毫克的胆固醇，豆浆则不含胆固醇，饱和脂肪酸也较低。这也就是喝豆浆要比喝牛奶和奶粉更能防治心血管疾病的原因。

　　由此可见，牛奶、奶粉、豆浆从营养的角度来看，它们有各自的优缺点，因此在日常食用时不应该单纯地选择一种来饮用，应按照身体状况选择饮用。

问：豆浆喝了也会胀气吗？

　　答：有人喝了牛奶不舒服，豆浆也一样。有部分人对低聚糖和抗营养因子敏感，喝了豆浆容易产生腹胀和产气反应。但只要消化吸收功能正常，轻微反应对健康并无明显危害，可先控制数量，后逐渐增加，待肠道适应之后即可消除。

问：喝豆浆能减肥吗？

　　答：豆浆中含有丰富的大豆皂苷和不饱和脂肪酸，能分解体内的胆固醇，促进脂质代谢，使皮下脂肪不易堆积。豆浆虽然是液体，但仍然属高纤维食物，能增强肠胃蠕动功能，解决便秘问题，使小腹不再凸出。

问：胃不好能喝豆浆吗？

　　答：豆浆性平偏寒，脾虚易腹泻、腹胀的人，以及夜间尿频、遗精肾亏的人，均不太适合饮用豆浆。但这并不是说这类人一点豆浆都不能喝，如果要喝，应尽量喝温热的，不要喝凉豆浆。

问：豆浆能填饱肚子吗？

　　答：喝一杯豆浆跟吃同样量的粥相比，哪个更管饱？毫无疑问，豆浆饱肚子的效果更理想，如果拿等体积等热量的液体食物相比，豆浆比糖水有更好的饱腹效果。

问：喝豆浆能促进婴幼儿语言发育吗？

答：专家认为，在提高婴幼儿语言能力的众多方法中，最重要的一条是保证孩子获得足够的滋养大脑神经的物质，以促进其语言中枢的正常发育。营养专家指出，喝豆浆能促进婴幼儿语言发育。

蛋白质是脑细胞的主要成分之一，占脑干重量的30%～35%，在促进语言中枢发育方面起着极其重要的作用。如果孕妇蛋白质摄入不足，不仅会使胎儿大脑发生重大障碍，还会影响到乳汁蛋白质含量及氨基酸组成，导致乳汁减少；婴幼儿蛋白质摄入不足，更会直接影响到脑神经细胞发育。

因此，孕妇及婴幼儿要保证摄入足够的优质蛋白质食物。而大豆蛋白不仅不含胆固醇，更有人体必需的8种氨基酸，并且比例均衡，非常适合人体需要。

问：牛奶和豆浆可以一起喝吗？

答：牛奶与豆浆可以一起喝。豆浆中含铁量较高，含钙量较低，水溶性维生素含量丰富，脂溶性维生素较少。当豆浆与牛奶混合后，不但可以产生容易被人接受的风味，还可以使牛奶中硫氨基酸、钙、脂溶性维生素的含量得到补充，丰富、均衡了人体所需的多种营养成分。市场上最普遍的豆奶产品是在豆浆中加入5%的奶粉或30%的鲜牛奶，所以完全可以按一定的比例将豆浆与牛奶调配饮用，使食品的营养结构更均衡。

但要注意牛奶和豆浆不宜共煮，因为豆浆中含有的胰蛋白酶抑制因子，能刺激胃肠和抑制胰蛋白酶的活性。这种物质需在100℃的温度中，经数分钟才能被破坏。否则，未经充分煮沸的豆浆，食后易使人中毒。而牛奶若在持续高温中煮沸，则会破坏其中的蛋白质和维生素，降低牛奶的营养价值。所以，牛奶和豆浆不宜共煮。

 妙 用

问：剩余的豆浆还能怎么用？

答：可以做成美味的豆浆佳肴。推荐两种吃法：（1）豆浆蒸米饭：用豆浆替代白水加入电饭锅中煮米饭，煮出的米饭味清香、质地可口，能充分发挥豆和米的营养互补作用。（2）豆浆粥：把不知该怎么处理的剩米饭取来，加一倍水煮成稠粥，然后加入等量的豆浆继续煮几分钟即可。

问：豆渣怎么吃最好？

答：豆渣和谷类、肉类搭配，有去油腻、降低胆固醇的作用。推荐两款吃法：（1）营养早餐：将豆渣炒熟，放多一点葱花，稍微放点盐。配上豆浆、烧饼、馒头和鸡蛋，就是很好的早餐。（2）豆渣丸子：新鲜豆渣500克，面粉200克，胡萝卜丝50克，香菜末、花椒粉、盐各适量。将所有原料搅拌均匀制成丸子，然后放入油锅中均匀地炸至金黄即可。

 养 生

问：豆浆能防癌吗？

答：大量研究数据表明，大豆中至少有5种具有防癌功效的物质，它们分别是蛋白酶抑制素、肌醇六磷酸酶、植物固醇、植物大豆皂苷、异黄酮，这些都是对人体十分有益的物质，具有降低人体胆固醇的功效。手磨豆浆如果没有过滤还含有较为丰富的膳食纤维，对结肠肿瘤的防治有一定的积极作用。

此外，国外有研究报告称，高剂量的异黄酮素不但不能预防乳腺癌，还有刺激癌细胞生长的可能。所以，有乳腺癌危险因素的妇女最好不要摄取大量异黄酮素或长期大量喝豆浆。另外，黄豆中的蛋白质能阻碍人体对铁元素的吸收，如果过量地食用黄豆或黄豆制品，其中的黄豆蛋白质可抑制人体正常铁吸收量的90%，会使人出现不同程度的疲倦、嗜睡等缺铁性贫血症状。

问：脂肪肝喝豆浆有什么好处？

答：脂肪肝是现代疾病中较为常见的一种病。男性人群中患脂肪肝的人数可超过5%；在超过标准体重50%的肥胖人群中，该病发生率可达50%左右，且多集中于30～60岁的男性。患病后病人会出现某些类似慢性肝炎的体征，如肝功能异常、肝区不适等。脂肪肝代谢异常往往还能加速和加重冠心病、高血压、糖尿病、胆石症的发生或恶化。

脂肪肝患者蛋白质的摄入要比健康人增加，这样有利于减少肝脏代谢，减缓病情，但是也不能摄入过多，过多的蛋白质会转化为脂肪，加重病情。豆浆中蛋白质含量较高，轻度脂肪肝患者一天喝一杯豆浆是有助于病情恢复的。另外，脂肪肝患者平时饮食要清淡，摄入营养物质要均衡，不能偏食，不能吃油腻辛辣等刺激性食物，日常多注意加强体育锻炼。还需要指出的是，当出现肝昏迷时一定不能喝豆浆，不能过多食用含高蛋白的食物。

问：常喝豆浆有益健脑益智吗？

答：鲜豆浆中含有大豆卵磷脂，卵磷脂是构成人体细胞膜、脑神经组织、脑髓的主要成分，它是一种含磷类脂体，是生命的基础物质，有很强的健脑作用，也是细胞和细胞膜所必需的原料，并能促进细胞的新生和发育。卵磷脂经消化后，参与合成乙酰胆碱，乙酰胆碱是人类思维记忆功能中的重要物质，在大脑神经元之间起着相通、传导和联络作用，所以常喝豆浆可以健脑益智。

问：鲜豆浆对高血压有什么帮助？

答：临床研究表明，血管紧张肽原酶对稳定血液循环和血压起着重要作用。那些具有抑制血管紧张肽原酶活性的物质是目前治疗高血压的首选药物。研究发现，大豆蛋白中含有3个可抑制血管紧张肽原酶活性的短肽片段。所以，鲜豆浆中的大豆蛋白具有抗高血压的潜在功能。

问：鲜豆浆对贫血有什么好处？

答：在膳食中增加优质大豆蛋白质的摄入，对于降低贫血患者率有重要作用，并且豆浆中钙、磷、铁等矿物质及多种维生素含量高，吸收率高，是理想的综合防治贫血的食品。因此，常喝豆浆能改善贫血状况。

问：鲜豆浆对心血管疾病有什么好处？

答：引起心血管疾病的主要原因是血液中的胆固醇含量高。医学研究表明，鲜豆浆中的大豆蛋白可降低人体胆固醇含量，而且胆固醇浓度越高，大豆对其的降低效果越显著。食用含大豆蛋白的鲜豆浆，可使患心血管疾病的危险性降低。

问：吃完药后能马上喝豆浆吗？

答：豆类食品的营养价值很高，同时也具有解毒的功效。药品中含有一定微量元素的刺激性成分，可以控制抵御身体的不适。如果刚刚吃完药就喝豆浆，豆浆会和药中的有效成分发生反应，因此建议吃完药后不要立即喝豆浆。

用豆浆机制作果蔬汁

凤梨胡萝卜木瓜汁 　　美白果汁

原料

菠萝、木瓜、胡萝卜各200克，柠檬、冰块各适量。

做法

1　菠萝去皮去硬心，切成丁；胡萝卜切块，柠檬切片。上述原料一同放入豆浆机中，加适量凉饮用水，按下"果蔬汁"键榨出果汁。

2　将木瓜取肉，切成丁，与榨出的果汁一起再倒入豆浆机中，稍加搅拌，倒入杯中，投入冰块，加以装饰即可。

原料

木瓜、梨、苹果、柳橙各30克，冰糖、蜂蜜、碎冰各适量。

做法

1　将所有水果分别洗净，去皮去核，切成小块，备用。

2　将水果块放入豆浆机中，加适量冰水及冰糖、蜂蜜，选择"果蔬汁"功能榨成果汁。

3　将果汁倒入杯中，投入碎冰即可饮用。

温馨提示

　　木瓜又叫番木瓜，有"百益果王"之称。木瓜性平、微寒，味甘，其特有的木瓜酵素能清心润肺还可以帮助消化、治胃病，它独有的木瓜碱具有抗肿瘤功效，对淋巴性白血病细胞具有强烈抗癌活性。

芒果橙汁

原料

芒果、柳橙各1个，苹果、柠檬各1/2个，蜂蜜适量。

做法

1 将所有水果分别洗净，去皮去核，切成小块，备用。

2 将水果块放入豆浆机中，加适量冰水及冰糖、蜂蜜，选择"果蔬汁"功能榨成果汁。

3 将果汁倒入杯中，投入碎冰即可饮用。

胡萝卜生菜鲜汁

原料

胡萝卜、生菜各100克，苹果100克，蜂蜜、柠檬汁各适量。

做法

1 将胡萝卜洗干净，切成小块。

2 苹果削皮去核后，与切好的胡萝卜、洗净的生菜一起放入豆浆机中，加适量凉饮用水，按下"果蔬汁"键榨成鲜汁，再加入蜂蜜和柠檬汁，搅匀即可。

温馨提示

生菜是叶用莴苣的俗称。从名字就不难看出，生菜是最合适生吃的蔬菜。生菜含有丰富的营养成分，其纤维和维生素C比白菜多，有消除多余脂肪的作用。生菜除生吃、清炒外，还能与蒜蓉、蚝油、豆腐、菌菇同炒，不同的搭配，生菜所发挥的功效是不一样的。

白菜苹果草莓汁

原 料

白菜半棵，苹果1/8个，草莓6颗。

做 法

1 白菜清洗干净切片。

2 苹果去皮去籽，切成小块。草莓去蒂，备用。

3 将所有原料加入豆浆机，按"果蔬汁"键榨汁即成。

蔬果精力汁

原 料

青苹果150克，西芹60克，小黄瓜、苦瓜、青椒适量。

做 法

1 青苹果去皮去核，西芹洗净切段，小黄瓜洗净，苦瓜洗净去瓤，青椒洗净去籽。

2 所有蔬果均切小块放入豆浆机中，加适量凉饮用水，按下"果蔬汁"键榨汁即成。

温馨提示

　　芹菜含有丰富的维生素A、维生素B_1、维生素B_2、维生素C和维生素P，其钙、铁、磷等微量元素含量也多。芹菜能增强性功能、保持肌肤健美，特别是对于女性，常食可以促进激素的分泌，改善生理不调和更年期障碍，更可保持肌肤弹力。

番茄胡萝卜苹果汁

原料

苹果250克，胡萝卜、番茄各150克，柠檬汁适量。

做法

1 苹果洗净，去皮去核，切成小块；番茄洗净去蒂，切块；胡萝卜洗净切块。

2 番茄、苹果、胡萝卜一同放入豆浆机中，加适量凉饮用水，按下"果蔬汁"键进行榨汁。

3 将果汁倒入杯中。杯中加入柠檬汁，搅拌均匀即可饮用。

香甜西瓜汁

原料

西瓜500克，香瓜、鲜桃各50克，蜂蜜、柠檬汁、冰块各适量。

做法

1 将西瓜、香瓜、鲜桃分别洗净，去皮、去核，切成小块。

2 将西瓜块、香瓜块、鲜桃块放入豆浆机中，加入蜂蜜及适量凉饮用水，启动机器，榨取汁液。

3 将榨好的果汁倒入杯中，加柠檬汁及冰块即可饮用。

温馨提示

西红柿因其酷似柿子、颜色是红色的，又因它来自西方，所以有"西红柿"的名号。其肉厚汁多，营养丰富，酸甜可口。据营养学家研究，一个人每天吃200～400克新鲜番茄，即可满足人体对几种维生素和矿物质的需要。此外，番茄还含有柠檬酸、苹果酸等。

三汁蜂蜜饮

原料

白萝卜250克，新鲜莲藕250克，雪梨2个，蜂蜜25克。

做法

1. 将白萝卜、莲藕、雪梨分别洗净，去皮、去核，切成小块。
2. 将白萝卜块、莲藕块、雪梨块放入豆浆机中，启动机器，榨取汁液。
3. 将榨好的果汁倒入杯中，加入蜂蜜及适量凉饮用水即可饮用。

山药地瓜苹果汁

原料

山药50克，地瓜1/2个，苹果1/2个，蜂蜜及凉白开水各适量。

做法

1. 山药洗净去皮切丁，地瓜洗净蒸熟后切丁。苹果洗净去核，切细丁。
2. 将山药丁、地瓜丁、苹果丁放入豆浆机中，加入120毫升凉白开水，启动机器，榨取汁液。
3. 将榨好的果汁倒入杯中，加适量蜂蜜即可饮用。

温馨提示

　　白萝卜，又名莱菔，营养成分主要是蛋白质、脂肪、糖类、B族维生素、维生素C，以及钙、磷、铁和多种酶与纤维。此外，萝卜富含木质素，被人体摄入利用，能使体内的巨噬细胞活力增强2~3倍。

柚橘橙三果汁

原 料

橙子150克，柚子250克，橘子200克，碎冰适量。

做 法

1 将柚子、橘子和橙子分别去皮、去核，加适量凉饮用水一同放入豆浆机中，按下"果蔬汁"键榨汁。

2 将榨好的果汁倒入杯中，投入碎冰，加以装饰即可。

鲜姜橘子汁

原 料

橘子2个，鲜姜50克，苹果100克。

做 法

1 将鲜姜、橘子去皮，切成小块。苹果去皮及核，切成丁。

2 将所有原料一起放入豆浆机中，加适量凉饮用水，按下"果蔬汁"键榨汁后，倒入杯中，加以装饰即可。

温馨提示

　　橘子色彩鲜艳、酸甜可口，是秋冬季常见的美味佳果。橘子的营养丰富，富含蛋白质、脂肪、碳水化合物、粗纤维、钙、磷、铁、胡萝卜素、维生素、烟酸，以及橘皮苷、柠檬酸、苹果酸、枸橼酸等营养物质。

图书在版编目（CIP）数据

豆浆米糊果汁 / 刘莹编著 . -- 上海：上海科学普及出版社 , 2014.2（2024.1 重印）

（养生全说系列）

ISBN 978-7-5427-5936-8

Ⅰ . ①豆… Ⅱ . ①刘… Ⅲ . ①饮料 – 制作 Ⅳ . ① TS27

中国版本图书馆 CIP 数据核字（2013）第 284192 号

责任编辑　胡伟

养生全说系列
豆浆米糊果汁

刘莹 编著

上海科学普及出版社出版发行

（上海中山北路 832 号　邮政编码 200070）

http://www.pspsh.com

各地新华书店经销　唐山玺鸣印务有限公司印刷

开本 710×1000　1/16　印张 18　字数 265 000

2014 年 2 月第 1 版　2024 年 1 月第 2 次印刷

ISBN 978-7-5427-5936-8　定价：78.00 元